"十四五"普通高等教育本科部委级规划教材

中国美术学院设计系列课程

服装设计基础

FUZHUANG SHEJI JICHU

[韩] 郑美京 著

中国纺织出版社有限公司

内 容 提 要

服装设计基础课程的具体目标与要求有以下两方面是值得重点关注的：首先是对服装设计的综合性常识与技能的学习与认知，其中包括了解服装的分类与各自的特色与性质，掌握服装设计最为基础的创作程序，以及与之相关的实际动手能力，这是一种必须通过动脑、动手，坚持不懈地努力，在不断尝试与纠错的过程中才能获得的基本技能；其次，基于时代发展的需求，至关重要的是开启学生对当代服装设计理念的理解，尤其是对于世界语境下时装设计发展潮流与审美品位的了解与洞察能力的提升。

本书作者从自身在韩国和法国的学习经历，以及在法国与中国的教学经历和经验来看，认为这两个方面的能力认知对于一个学习与时尚息息相关的服装设计的学生来说，不仅十分重要，也是不可或缺的。

著作权合同登记号：图字：01-2023-0288

图书在版编目（CIP）数据

服装设计基础 / （韩）郑美京著 . -- 北京：中国纺织出版社有限公司，2023.3

"十四五"普通高等教育本科部委级规划教材　中国美术学院设计系列课程

ISBN 978-7-5229-0070-4

Ⅰ. ①服… Ⅱ. ①郑… Ⅲ. ①服装设计－高等学校－教材 Ⅳ. ①TS941.2

中国版本图书馆 CIP 数据核字（2022）第 212991 号

责任编辑：朱冠霖　金　昊　　　　责任校对：高　涵

责任印制：王艳丽

中国纺织出版社有限公司出版发行

地址：北京市朝阳区百子湾东里 A407 号楼　邮政编码：100124

销售电话：010—67004422　传真：010—87155801

http://www.c-textilep.com

中国纺织出版社天猫旗舰店

官方微博 http://weibo.com/2119887771

北京华联印刷有限公司印刷　各地新华书店经销

2023 年 3 月第 1 版第 1 次印刷

开本：889 × 1194　1/16　印张：10

字数：200 千字　定价：59.80 元

前言

PREFACE

在学院的服装专业设计教学中，“服装设计基础”无疑是最基础，又是至关重要的课程。“千里之行始于足下”，对于学习服装设计专业的学生来说，这将是开启他们专业知识大门的第一把钥匙。从对服装设计专业性的基本认知，到对当今国际服装设计潮流的了解，都将通过这个课程，开始慢慢地进入他们的知识视野。

我们生活在一个快速发展与变化多端的时代，服装设计领域则是伴随着这种时代变化而不断出新、变革的极为活跃的疆域。这种变化不仅影响着这个时代人们对于服装、服饰的选择，穿着与生活的需求，并改变着人们的时尚审美品位与判断标准。同时，毫无疑问地向我们提出了在服装设计课程的教学中理念与方法升级的命题。尽管一直以来我们都有对这门“服装设计基础”课程教学约定俗成的知识与技术的要求，但面对着今天这个不断翻新、变异的全球化语境与氛围，我们需要站在原有的课程认知基础上，基于对这个时代服装设计趋势与潮流的理解，来寻找能够更加符合当代社会需求与审美标准，更加合理、有效的服装设计基础教学方法。

“服装设计基础”课程教学几乎是我十几年前从法国来中国后最早接手的课程教学内容，从在中国美术学院上海设计学院教授我的第一批服装设计专业的中国学生开始，直至今日在中国美术学院设计艺术学院染织与服装设计系继续教授这门课程，其间我一直在思考这门课程的改革与创新，也一直与一批批的中国学生们一起就这门课程的教学不断地进行新的探索、尝试与研究。

就这门课程的具体目标与要求而言，我觉得有以下两方面是值得重点关注的：首先是对服装设计的综合性常识与技能的学习与认知，其中包括了解服装的分类与各自的特色与性质，掌握服

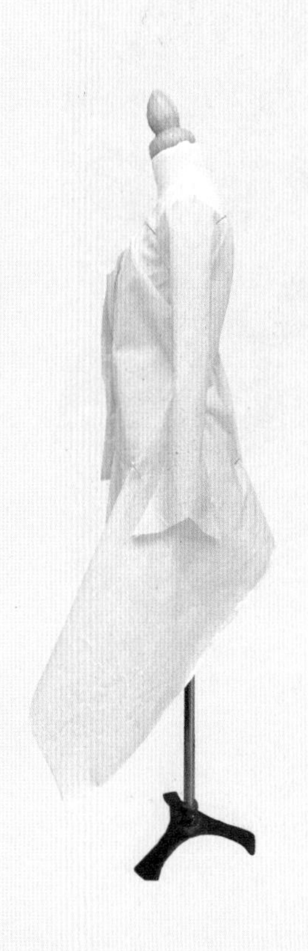

装设计最为基础的创作程序，以及与之相关的实际动手能力。应该这么说，这是一种必须通过动脑、动手，坚持不懈地努力，在不断地尝试与纠错的过程中才能获得的基本技能。其次，我觉得，基于时代发展的需求，至关重要的是开启学生对当代服装设计理念的理解，尤其是对于世界语境下时装设计发展潮流与审美品位的了解与洞察能力的提升。从我自己以往在韩国以及法国的学习经历，以及在法国与中国的教学经历和经验来看，我认为这两方面的能力认知，对于一个学习与时尚息息相关的服装设计的学生来说，不仅十分重要，也是不可或缺的。

在本教材中所呈现的，是自己多年来在这门“服装设计基础”课程中实践、研究、探索成果的归纳与总结，也是基于当代服装设计基础教学改革的一种思考，并希望是以一种真实的、具有教学现场感的方式呈现给大家。希望能给同学们、同行们提供一些专业上的参考。诚然，每个学校对于这门课程的安排有所不同，每个学院的教学定位、教学目标以及师资配备与学生的生源情况也有所不同，因此，建议结合各自学院的特色、定位、学生基础、课时情况来确定课程执行目标，灵活地使用这本教材。我想，万变不离其宗，这门课程的重点应该是立足于传授给学生最为基础的、对服装设计整体的认知以及最为基础的动手能力与基础技能，这将是他们为未来的服装设计专业生涯所铺垫的一个坚实的基础。

郑美京

2022年6月

目录

CONTENTS

SILICA GEL

概述

在“服装设计基础”课程的起步之初，应该帮助学生树立一个基于服装设计知识的宏观视野，了解这门课程的性质与定义，以及与服装设计专业相关的行业常识。

课程的定义与目标

“服装设计基础”课程是服装设计专业本科二年级的专业必修课，也是服装设计入门的重要课程。课程由一系列深入浅出、环环相扣、易于操作的练习贯通始终，形成一个完整的服装设计基础知识链。顾名思义，“服装设计基础”课程的目标在于传授给学生基于服装设计以及创意方法最为基础的理论认知。同时，通过学习如何从寻找灵感，进行思维发散起步，进而展开服装设计要素的拓展研究，到基础的服装设计成果的完成的整个设计流程中实际操作能力的培养。

课程安排将从以下几个方面展开：

◎ **服装设计概述：**作为这门课程的启程，将从理论的角度出发，通过两个方面的内容展开：其一，对服装设计基础概念与常识的介绍，如服装的基本分类、服装设计的要素、服装设计的原理、服装设计的创意方法与步骤等；其二，通过实际案例的展示，结合当代服装设计的发展动向，介绍最新的服装与时尚设计的发展潮流与趋势，包括对一些重要的服装设计师的介绍与对知名品牌风格的解析。

◎ **关于形态研究：**形态，无疑是服装设计最重要的因素，我们将通过一个“解构与重构”的快题练习加强学生对服装元素的了解，并以“重构”元素的方式进行服装形态的再创造，加深对服装廓型的理解。

◎ **主题演绎：**在一个作为热身的“解构与重构”练习之后，课程将进入服装设计基础的常规学习程序。“主题演绎”的练习要求学生了解如何寻找时装设计资料与获取灵感来源的方法，并以自己喜爱的风格为主线，制作呈现“主题与风格”的设计灵感板。

◎ **服装要素研究：**根据“灵感板”的思路，展开对于服装设计要素，如服装的廓型以及形态风格、服装的面料与材质、服装面料的色彩搭配等要素的基础研究。

◎ **服装设计方案：**在熟悉“服装要素”的基础上，以服装设计的效果图及工艺制作的平面图为目标展开服装款式设计尝试（在有条件的情况下，可以尝试进行简单的服装制作的实战体验）。

◎ **服装设计成果：**对课程的研究过程以及最终设计成果教学汇总、整合，以作品集的方式记录课程成果。

课程通过以上一系列环环相扣的教学环节，培养学生对于服装设计基础知识的宏观理解，并通过实践了解服装设计最为基础的方法与流程，为未来的专业学习从理论到实践两方面打下必需的基础。

服装的定义与功能

关于服装的定义，从普世意义上来说应该是明确的，是指用各种面料、织物、材料所制作而成的，基于人体形态所生成的日常穿着的生活用品。服装的起源与产生，首先是为了满足人类穿着的需求。在这个基础上，随着生活条件、状况的变化与时代的发展与变迁，人们赋予了服装更多的属性、功能与内涵。当然，在我们谈论“服装”的时候，还会想到与其相关的“服饰”，从广义的、当代的角度来理解，服饰就是能够与服装相匹配，对人的外部形象进行装饰的饰品与物件。如我们日常中一直在使用的鞋、帽、领带、皮带、手套、提包，或是装饰用的如首饰、发饰等各种装饰配件。

毫无疑问，服装的首要功能是满足人们穿着的需求。在这个基础上，根据人们各自的条件、环境的不同，人们会对穿着的舒适度以及服装面料材质的好坏，色彩搭配的品质，整体的视觉审美品位等诸多方面有更多的追求。因此，面对不同的客户群体与需求，服装开发商根据对各个消费群体的层次与经济能力的评估，确定其销售定位，制定出不同层次的服装研发计划，并付诸服装产品开发，就有了在我们的视野中，无论是为了满足于日常生活最基础需求的普及性成衣业的服装产品，还是那些代表着最富有创新、创意设计研发的世界顶级的一年两季的服装秀产品，都是围绕着不同人群对服装的需求与追求所展开的。

服装的分类

服装是一种有着明确针对性的产品，不仅针对不同的性别、不同的年龄层次、不同购买能力的人群，服装还需要适用于不同穿着环境与春夏秋冬交替变更的季节。因此，在服装业就有了一个相对明确的行业分工。在常规的概念中，我们将服装设计的层次分为成衣（也可以称为大众成衣）、高级成衣、高级时装；同时又依人的性别分为男装、女装，值得关注的是，随着时代的发展以及人们对穿着风格追求的转变，现在出现了一些介于两者之间的“中性服装（unisex）”；根据不同的年龄层次，分成童装（含婴幼儿）、青少年装、成人装与中老年装；根据服装在不同穿着环境下的用途将其分为内衣、居家服、休闲服、职业服、运动服、礼服等；根据天气冷暖的变化，按照不同的季节分为春、夏季服装与秋、冬季服装。

我们在上面说到了关于服装设计常规性的层次分类，如成衣、高级成衣、高级时装。在这里，我们来看一下这些分类所体现的不同定位与特征。这里所说的“成衣”可以理解成“大众成衣”的概念，它与“高级成衣”一起，从整体来说是源于统一的“成衣”概念，即在交付市场销售之前已经完成了所有制作工序并可以正常穿着的服装。所不同的是，在“成衣”统一的定义下，根据服装的档次、价格以及消费对象的不同，又可以分出“大众成衣”与“高级成衣”。很明显，在“大众成衣”与“高级成衣”之间，反映出来的是消费群体以及服装品质与档次的差异。

成衣

一般情况下，我们根据产品销售的对象以及价格层次，将较为符合大众日常消费水准的服装称为“成衣”或是“大众成衣”，这里所指的成衣便是这个概念。更严格地说，成衣是一种符合批量化生产的工业化产品。因此，成衣的生产也是按照相对的行业规范的标准展开的。在这种情况下，成衣不仅需要符合能够批量生产的工艺标准与既定的经济原则，包括在产品的规格、质量、号型、面料成分、洗涤与保养、包装、说明等诸多方面，都有相对统一的约束与识别标准，也都应该尽量符合同等级这个产品的规范化准则。

很明显，“大众成衣”与“高级成衣”相比是一种较为普及的、大众化的服装。从目前市场上的情况来看，如在百货商场、服装商城、服装连锁店、服装专卖店出售的服装大部分是以“大众成衣”为主流的。中国消费者比较熟悉的品牌，如太平鸟、江南布衣等服装，都属于“大众成衣”的类别等级。

高级成衣

顾名思义，“高级成衣”是高于“大众成衣”的服装层次。“高级成衣”这个词汇来源于法文的“Prêt-à-porter”，但实际的词义相对宽泛一些。“高级成衣”从某种程度上说是指以一些中产阶级为消费对象生产的多品种、小批量的高档成衣。随着时代的变迁，最初作为高级时装副产品的高级成衣得到了迅速的发展。尤其是能够体现其权威性以及引领发展趋势的四大国际时装周：巴黎时装周、米兰时装周、伦敦时装周、纽约时装周，就是这种高级成衣在全球范围内重要的展示平台，这已成为当今国际时装业重要的订货、销售的贸易渠道。因此，从某种程度上我们可以这么说，高级成衣的主流便是当今国际时装设计的风向标，引领着这个世界的时装设计乃至整个时尚设计的潮流。在国际时装设计范围内，如迪奥（Dior）、香奈尔（Chanel）、马丁·马吉拉（Martin Margiela）、博柏利（Burberry）、路易威登（Louis Vuitton）、杜嘉班纳（Dolce & Gabbana）、古驰（Gucci）等知名品牌都代表着当今高级成衣的主流的最高水准。批量小、质量高、价格高，注重设计的品位、个性是高级成衣与一般成衣的最大区别。

高级时装

“高级时装”无疑是属于国际时装界最高等级的服装，象征着服装设计的最高设计水准，能够体现设计师对时装设计“奢华”层次在追求与理解上的最高境界。同时，从一般意义上说，高级时装可以算是著名时尚之都巴黎的专利品。在中国，人们常常将“高级时装”称为“高级定制”，即“高定”的概念。“高级时装”一词同样也是源于法语“Haute couture”，“Haute”为高级、高层次，“couture”则包含了裁剪、缝制、刺绣等多种手工技艺。“高级时装”的概念与传统源于19世纪中叶的法国巴黎，有着非常悠久的历史。一般来说，由于高级时装的设计、制作要求与制作成本都非常高，因此其消费群体也是非常有限的。从理论上说，在世界范围内，除了有着悠久历史与高级时装产业支撑的时装之都巴黎之外，其他国家和地区都很难从真正意义上支撑起这样的市场需求。当然，我们也能够看到，随着时代的变迁、各国经济的发展，一些局部的、小批量的“高级时装”也会出现在世界的一些不同角落，以满足一部分既定消费者的实际需求。

高级时装的一个重要特征，就是由特定品牌的著名设计师为特殊的消费者量身定做的高档次、独一无二的服装单品。加之，高级时装在服装的用料上非常讲究，又是精密的手工缝制，而且在整个制作过程中会经过多次反复地修改与调整，这也决定了高级时装的价格居高不下，这个特定的条件也决定了高级时装的客户群体十分有限。另一点值得关注的是，在当代的时代境遇中，拥有定制的高级时装往往被看作是提升个人身份、形象的一种特殊手段，无形中也成为个人的地位、层次与品位的象征。我们在平时的一些特殊场合，如重大的节日盛典、国际性的重要活动中可以看到，明星、名人、政要、皇室贵族，以及一些“成功人士”、特殊的富有人群等，都是高级时装消费群体的追随者。总而言之，由于高级时装的稀缺、珍贵的特殊地位，拥有高级时装一直是特殊阶层追随的一种时尚。

新奢侈时装

在这里，“新奢侈时装”是作为对服装设计行业业态发展的新动向的关注来介绍的，也是在西方服装设计专业教学中正在发生与发展的动向。“新奢侈时装”的名称源于法文“Nouvelle couture luxe”，从字面上解释，“Nouvelle”为新、“couture”为裁剪、缝制，而“luxe”则是奢侈的含义，在当下西方的服装设计教学中，这个特殊冠名的新专业方向正在悄然兴起。在法国的时装设计教学中，“新奢侈时装”作为一个独立的专业门类，讲求对服装材料的探索与对服装结构的研究。从教学的理念与目标来看，这是一个随着时代的发展，在传统的“高级时装”概念基础上脱颖而出的一种更加前卫、更加讲求材料的独创性与时代特征的新的设计拓展方向，这个研究方向的发展值得我们关注。

关于服饰

至此，我们介绍了不同的服装层次。然而，当我们在学习服装设计的时候，无形中就会关注到服饰的问题。前面我们介绍过“服饰”的基本概念，简单地说，如首饰、发饰、鞋、袜、帽子、领带、皮带、手套、提包等各种可以与人、与服装起到搭配、美化作用的物品，都在服饰的范围之内。诚然，我们的服装设计基础课程的主要目标是学习服装设计基础知识，但作为一个服装设计师来说，对服饰品的了解与关注也是必不可少的，因为服饰本身就是与服装、与人的穿着打扮相匹配的重要组成部分。因此，在教学过程中，我们也会有意识地关注或穿插一些服饰品设计相关的知识内容。尤其希望激发学生们对服装与服饰关系的整体关注，帮助他们在审美品位、鉴赏能力乃至创造能力上打下更坚实的基础。

设计方法与流程

服装设计是与时代发展的脉搏息息相关的，从宏观的角度来看，服装的设计受制于时代、国度、环境、流行趋势等诸多方面的影响；从微观的角度而言，它又与人体、形态、材料、色彩、配饰等诸多因素息息相关。服装设计看似只是围绕着人体的形态而生成的成果，但却涉及从宏观到微观各方面因素的影响，这也为服装设计师提供了无限探索与发挥的可能性。说到底，服装设计是一个从无到有的造物过程，是一种创造性行为，有着其自身的最基本的方法、手段和规律。

应该看到，每一个设计的缘起，均来自一种特定的社会消费需求。而服装设计师正是用自己的智慧与能力去回应这种需求的参与者与执行者。因此，准确地了解消费对象群体与服装款式功能的需求，才能够有的放矢地根据需求展开构思与设计，直至最后服装制作完成。从接受设计任务，到服装最后制作完成，是一个完整的设计流程：首先是解读设计需求，如产品属性、人群定位与价格定位等。其次是对同类产品的设计调研，以准确定位设计方向。设计启动，从设计灵感的寻找与捕捉，到设计方案的构想与推敲完善，直至方案的最终完成。所有这些设计的环节与过程，都是我们在这个课程中会经历与体验的。一般来说，这个课程的最终目标是完成一套设计方案，包括款式效果图与制作平面图。在部分院校的课程安排中，有时也会涉及对设计方案实施的尝试，即进行简单的服装成型的制作尝试，这个要求可以视院校的实际情况而定。

正如我们在上面说到的，由几个不同的设计环节组成的服装设计流程，每个环节都有其对应的非常具体的目的、要求与方法，这几个环节相互衔接。构成了服装设计从设计定位、构思到推敲、完善直至最终完成的全过程。

◎ **解读设计需求：**工作的第一步，无疑是接受任务，明确目标。这时，认真解读与研究“设计主题”，了解“潜在的客户”，了解设计的要求是我们的首要目标，因为只有这样，在设计方针的制定上才能做到有的放矢。

◎ **寻找灵感来源：**在清晰了设计主题与需求的前提下，需要寻找创作的灵感来源。这时，需要做一系列的基础工作，如结合实际的设计需求，对服装市场进行调研，包括了解同等级的不同品牌、不同风格的状况，探寻当下的流行趋势，由此酝酿、生成对设计的初步设想并寻求对于设计的视觉特色的追求。在这个基础上，完成“设计灵感板”（Mood Board），以呈现设计师对设计的初步设想与大致方向。

◎ **方案构想与探索：**当我们确定了初步的方向与定位，便可以进一步从“二维”与“三维”两个方面入手展开进一步的探索与研究。所谓的“二维”，即是以图示的方式进行研究与探索，如通过设计草图勾画出对服装形态、廓型的大致关系以及对整体视觉特征、氛围的设想，服装色彩配置的研究，以及对面料的选择与研究，这些研究的过程与成果均可以通过手记本（Sketchbook）或是散页进行记录与呈现。而“三维”研究的部分，则是指面对实物展开的尝试、创作与体验，即离开画面进入在实际空间的动手操作。例如，对面料的研究，可以是对面料小样的选择，甚至包括对面料的再处理，通过小人台对廓型板式裁剪的研究探索。对于一些有条件进行实物制作的学院，甚至可以是直接1：1的立体裁剪、结构探索、样衣制作，一直到最终设计样品呈现。

◎ **教学成果呈现：**作为一个有始有终的课程，我们希望能够有机会呈现课程的最后成果，并进行现场点评、师生互动的教学总结，如通过研究过程的“设计灵感板”（Mood Board）、研究手记本（Sketchbook）、款式设计效果图、款式制作平面图等实现。假如有实物制作的机会，结合最终的服装设计实战体验成果，进行一次整体的成果展示。

以上介绍的内容，是这个课程具体操作的大致方法与流程，在接下来的教程与课程的具体操作中，我们将一步步地走近服装设计这个“神秘”的领域，去了解与学习服装设计方面的基础知识。

第一章 形态塑造

在完成了第一次课程关于“服装设计概论”的讲解之后，我们将进入实际的练习环节。为了能够更加清晰地体现课程的操作程序、实际的教学方法以及课程的成果，本教材将采用“课程纪实”的方式，即根据实际的上课顺序安排与教学流程作为教材结构的主要导线。同时，大部分练习加入了学生阶段性的学习心得与感受，使教材能够更加具有“现场感”地呈现课程的真实性以及可操作性。

第一周的练习由一系列的小练习组成，我们将使用一种特殊的材料——垃圾袋作为练习的基础元素，展开基于服装设计基础的学习与研究。整个研究程序如下：我们从对垃圾袋材料的材质研究起步，进而在小人台上用垃圾袋材料进行简单的形态塑造，最终在多个小人台的形态款式中选择一个合适的造型，在1：1大人台上进行服装造型研究。

第一讲　课堂速写练习

值得一提的是，在课程起步的第一周，作为一种“热身、熟手”的方式，一方面，为了促使学生更快地进行学习，另一方面，也为了便于教师更好地了解每个学生的专业基础水平与个性、风格，我们安排了每天上课后，在开始做练习之前30分钟的“课堂着衣速写”，在教室内由学生互摆模特进行速写练习。从实际的操作情况来看，这是一项比较有效的训练方法，可以帮助学生较快地进入学习角色，也可起到热身、熟手的作用。我们的经验是，尽量将这个练习安排在课程之初，使学生从一到教室就进入较为集中的学习状态，养成一种良好的学习习惯，也便于有效地掌握时间与利用时间（图1-1~图1-11）。

练习一：课堂着衣速写

◎ 练习要求：学生之间互摆姿势的着衣人物速写练习。

◎ 尺寸要求：A4纸，或在手记本上进行练习。

◎ 作业数量：不限。

◎ 练习时间：每天一次，约30分钟，仅限第一周。

学生的学习心得

◎关于每节课30分钟的速写练习，其实我是一个很害怕画速写的人，但是每天的练习都让我不断地去挑战自己，每天进步一点点，我觉得练习是有效的。

◎速写方面需要多加练习，注意到的更多是型的准确度、整个人体的把握、线条的放松感，在短时间内把握动态是最重要的。

图1-1

图1-2

图1-3

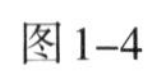

图1–4

图1–5

图1–6

图1–7

图1–8

图1–9

图1–10

图1–11

第二讲 调研与资料寻找

为了使学生更快、更好地进入研究状态，我们在练习之初，便给大家推荐了一些帮助他们查找资料并展开想象的关键词语，如重叠、重复、捆绑、镂空、破损、球形、透明、折叠……这些基于形式语言的关键词都可以帮助学生去寻找服装与形态之间的关系，并在做练习的时候启发思路。同时，结合这些关键词，提出一个小的前期练习要求：从关键词中选择几个感兴趣的方向，结合服装的廓型设计需求查找资料，或制作一个简单的灵感板（图2-1~图2-22）。

练习二：调研与资料寻找

◎ 练习要求：从重叠、重复、捆绑、镂空、破损、球形、透明、折叠等关键词中选择几个感兴趣的方向，结合服装的廓型设计需求查找资料，或制作一个简单的灵感板。

◎ 尺寸要求：合理安排在A4尺寸中。

◎ 作业数量：多幅与关键词相关的图片或一幅完整的灵感板加关键词。

◎ 练习时间：课上课下与课程平行展开。

学生的学习心得

◎第一周刚开始的两天，其实我有些忐忑，也有些茫然和不知所措。从刚开始第一个作业找资料开始，我好像就陷入了迷茫之中。首先是找资料，怎么找？从哪里开始找？由于我在八个主题里选择了“重复”和“重叠”，我就以这两个主题为突破口开始查找图片。但是，因为主题没有具体的标准，我就按照自己的喜好找了很多已经加工完成的纹样的图片和一些服装的图片。当然，第二天没有通过老师的检查。但是我渐渐明白了，一件服装的灵感来源不在于一些既定的纹样，也不在一些已经加工完成的作品里，而在生活之中。郑老师让我们从生活中获取灵感，例如，建筑的外观和结构带给人的感受、破损的鸡蛋壳、自然的纹路构成的图形……这些使我开始对灵感板的制作、对一件服装的灵感来源有了一些概念。

◎一开始找素材时，我总想着应该是要找与服装相关的素材，再不济应该也是首饰、布料，或者一些服装上的设计等。但郑老师说不必局限于服装，我想塑料都能做衣服，肯定别的也能做。之后在素材的寻找上，我不仅从艺术装置到建筑，甚至还有生物、标本、风景等，从中获取的是这些东西里的灵感精华，它们的结构、触感、感受、色彩，或者是联想，从中抓住的一闪而过的感受，或者是那种模糊不清、难以琢磨的朦胧感，最值得去探索。

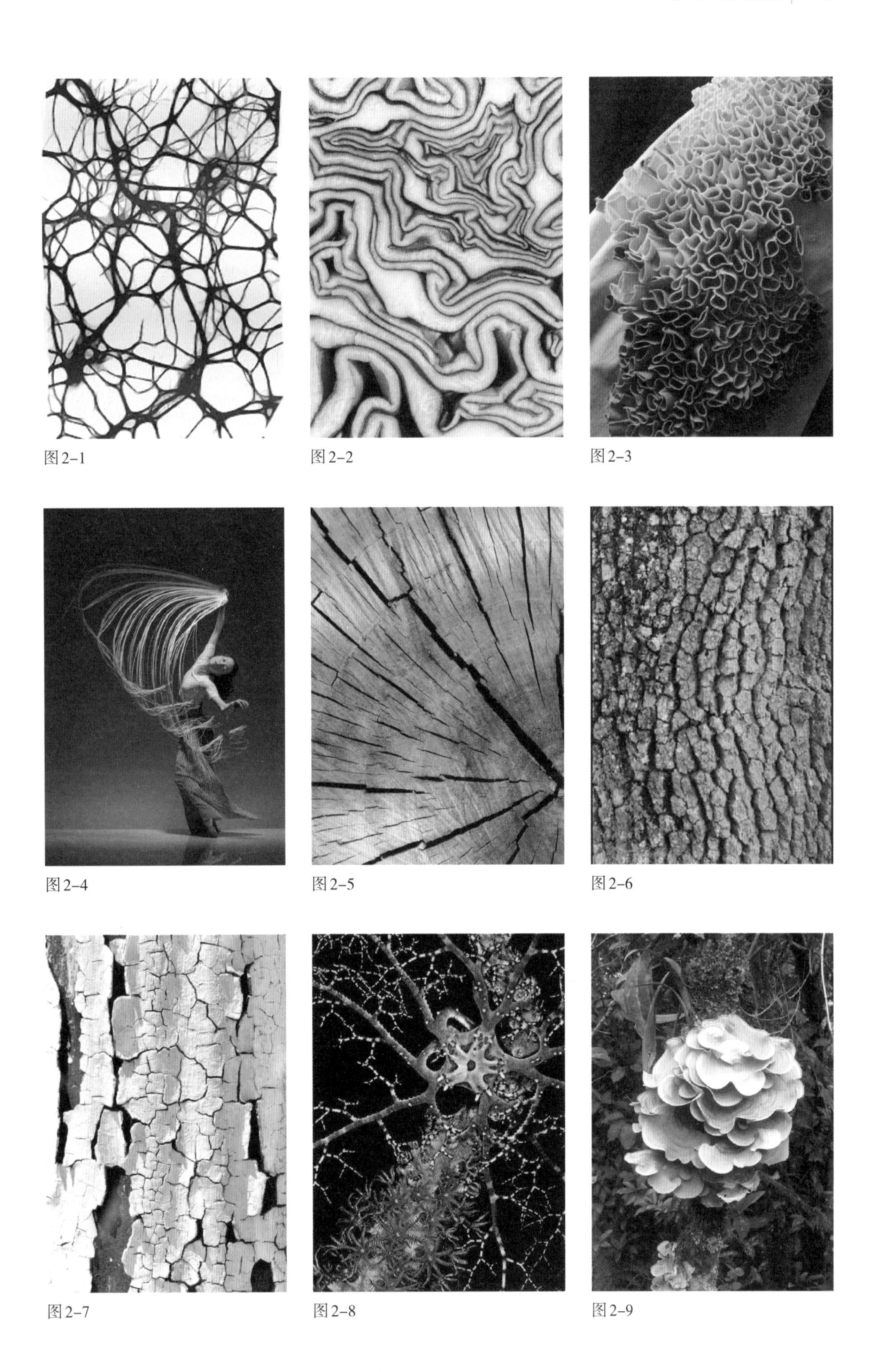

图2-1

图2-2

图2-3

图2-4

图2-5

图2-6

图2-7

图2-8

图2-9

图2-10 图2-11 图2-12

图2-13 图2-14 图2-15

图2-16 图2-17 图2-18

捆绑
binding
重复
repeat
层
次
arrangement
窒息
asphyxia
束缚 shackles
order
秩序
错落
overlap
重叠
intertwine
交缠
透明
transparent

图2-19

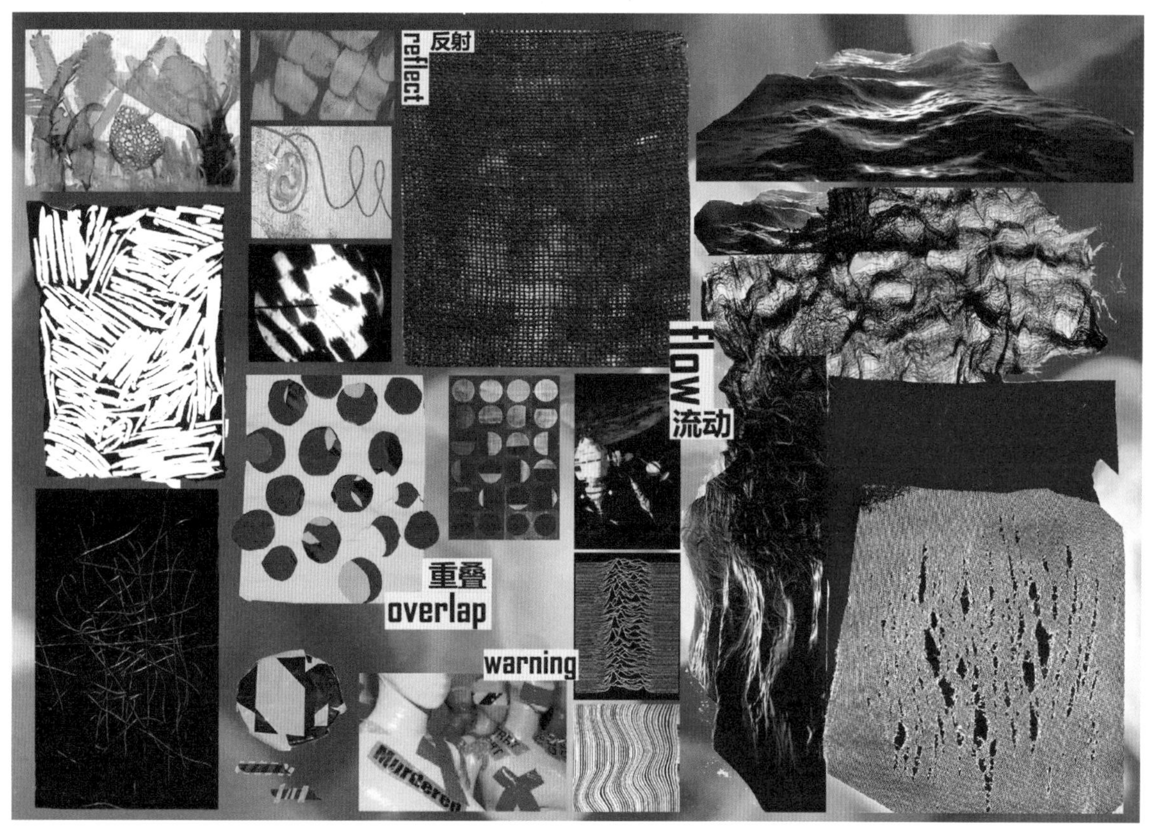
反射
reflect
flow
流动
重叠
overlap
warning

图2-20

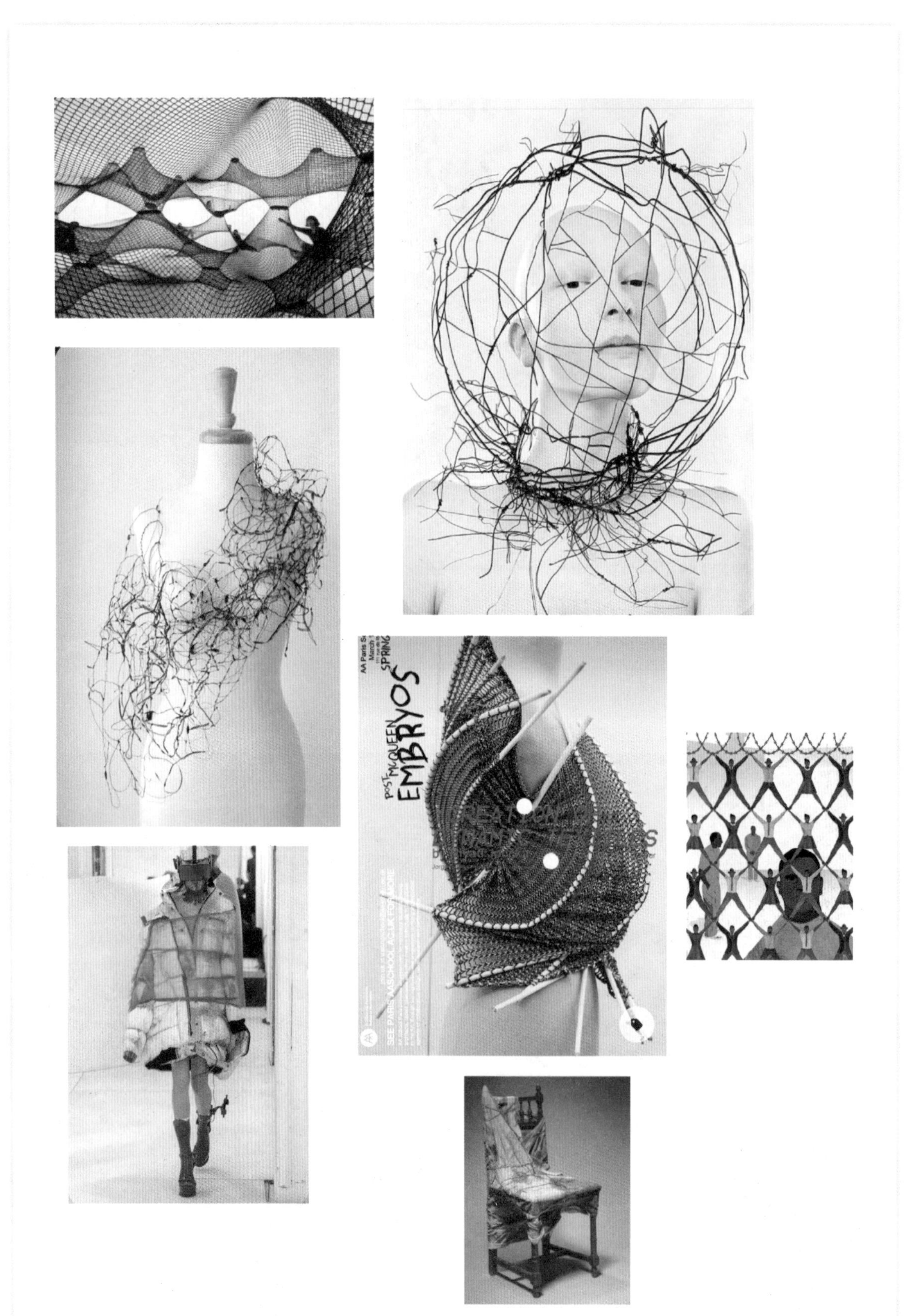

图2-21

图2-22

第三讲 垃圾袋材料练习

垃圾袋材料练习

应该说，垃圾袋材料练习是一种特殊的，并带有一定的“兴趣点”与“戏剧性”的练习。垃圾袋是所有人都非常熟悉的生活物件，而垃圾袋的材料也是人们再熟悉不过的材料。选用垃圾袋作为材料来进行一系列的练习，毫无疑问，对学生来说是个“意外”，同时也很容易唤起他们的好奇心。

这个练习所选用的材料很简单，就是在网上或者超市能买到的最大号垃圾袋。选择使用垃圾袋作为基础材料的练习，原因有三：其一，这是一种非常便宜又很容易找到的材料，方便采购，方便准备；其二，这个材料具有较好的柔韧性和可塑造性；其三，大号的垃圾袋门幅很宽，非常适合进行1：1人台上的操作，又有较为合适的尺寸与厚度。

练习的第一步是对垃圾袋材料进行碎片化的材质与结构研究。要求学生先接触这个材料，了解材料的特征与特性。同时，对材料进行实际动手把捏，看看如何运用这种材料获得不同的材质、肌理以及不同的组织关系，又能够达到什么样的形态与视觉效果。严格地说，这首先是一个材质练习，是一个基于形式语言的表现力训练，这个练习能够考查学生处理材料的能力，即面对简单的材料，挑战在限定条件下开发这种材料的多种可能性。

小人台上的廓型塑造

练习的第二步，便是鼓励学生用新创造出来的研究成果，在小人台上展开类似“服装廓型”塑造与构成的训练。虽说是“第二步”的动作，但实际上是与“第一步”垃圾袋的材料练习相辅相成的。反过来说，进行垃圾袋材料的再创造研究的真正目的，目的是探索用其进行服装廓型创造的可能性。因此，在进行垃圾袋材料再创造练习过程中，我们在课堂上同时要求学生习惯性地围绕着小人台进行“服装廓型”塑造的思考。了解再设计后的垃圾袋材料的特征、肌理，思考运用怎样的结构关系对其进行组合，并将新的材料围绕小人台进行类似“服装廓型”创造的尝试。

这是一种很神奇的体验方式，能够使学生很快地对材质、肌理产生认识，有机地链接到对服装形态的创造上（图3-1~图3-28）。

练习三：垃圾袋材料练习

◎ 练习要求：用垃圾袋材料进行研究与再创造，力图使其派生出不同的材质与肌理效果。同时，将所获得的材料研究成果尝试在小人台上进行“服装廓型”的塑造。

◎ 作业数量：20cm×30cm，5件以上实物小样。

◎ 练习时间：8课时。

学生的学习心得

◎本周课程利用了垃圾袋进行学习，本来并不觉得垃圾袋这样普通的材质能做出什么东西，但没想到通过垃圾袋的二次改造后，垃圾袋也变幻出了许多造型与新的样式，以及做出了其他材质的表达，有些部分想传达出的效果甚至比原本材质还要有趣！这让我明白了有时受限的不是材质，而是我们的眼界与思维方式，换个方式去转换材质，往往会有出乎意料的效果。

◎熟悉材料——垃圾袋。这个材料我并不陌生，甚至每天都在使用。可是却没有真正了解过它的一些特性。当郑老师演示了如何去感受、塑造材料之后，我开始有了一些概念。通过拉扯、拼贴、用打火机烧、用剪刀剪等方法，可以表现出不同的材质与面料语言。同样的点，用的方法不同，导致点呈现的效果也不同。在不断地尝试之后，做了很多有意思的东西，我觉得还是很好玩的。

◎用垃圾袋呈现灵感的时候，我刚开始容易陷入烦琐的手法中，但是在学习的过程中，渐渐明白了可以用更简单直接的方法，更明了地呈现想法，这样最终的效果会更加大方，表达也会更清晰。

◎材料改造是设计基础的核心，我对面料的改造有了新的认识。首先，面料的改造并不仅仅限制于布料，而是要有更加宽广的视野和创新的想法。其次，改造并不是多么非常绚丽、复杂的手法，往往最朴实、简单的改造也可以成为我们设计的核心。

◎利用黑白色的垃圾袋，通过各种手段揉搓变换，在它们的原始形态上借助不同媒介进行再创造。这个给我的感受像是在做数学算数，加减乘除运算，叠加和次序的区别改变也让整个结果富有多变性，每次新的尝试变换都是一场新的仪式，有时候想太多，目的性太强并不会给这仪式更多的惊喜，并且在这种心境下往往会弄巧成拙，反而变得平平无奇，没有达到想要的效果。更重要的是跟着自己的感受或者说是直觉，放松一点去表达某种属于自己的气息，在轻松的状态下，给自己的大脑和自己的作品更大的空间，才会有更多惊喜。

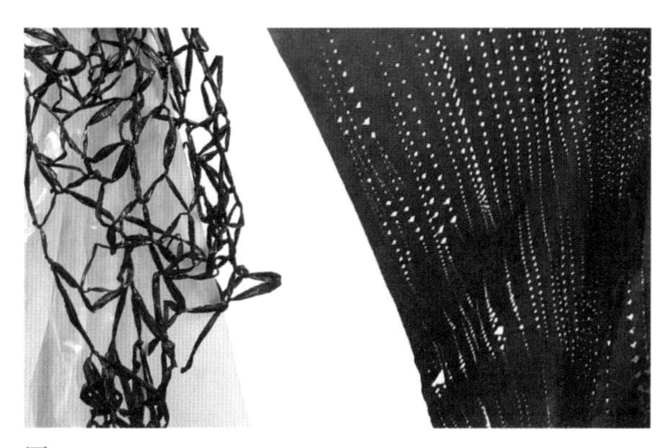

图3-1

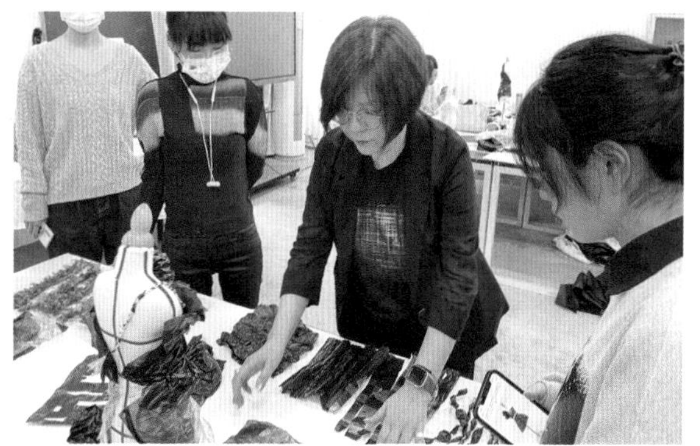

图3-2

图3-3

图3-4

图3-5

图3-6

图3-7

图3-8

图3-9

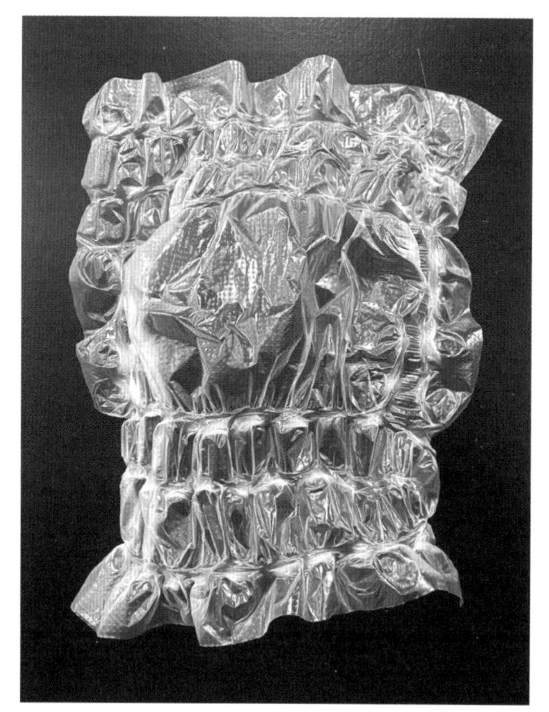

图3-10

图3-11

图3-12

图3-13

灵感来源：蝴蝶
主题：破损

细节呈现

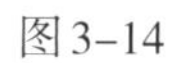

图3-14

灵感来源：
使用手法：

图3-15

使用手法：

图3-16

图3-17

图3-18

图3-19

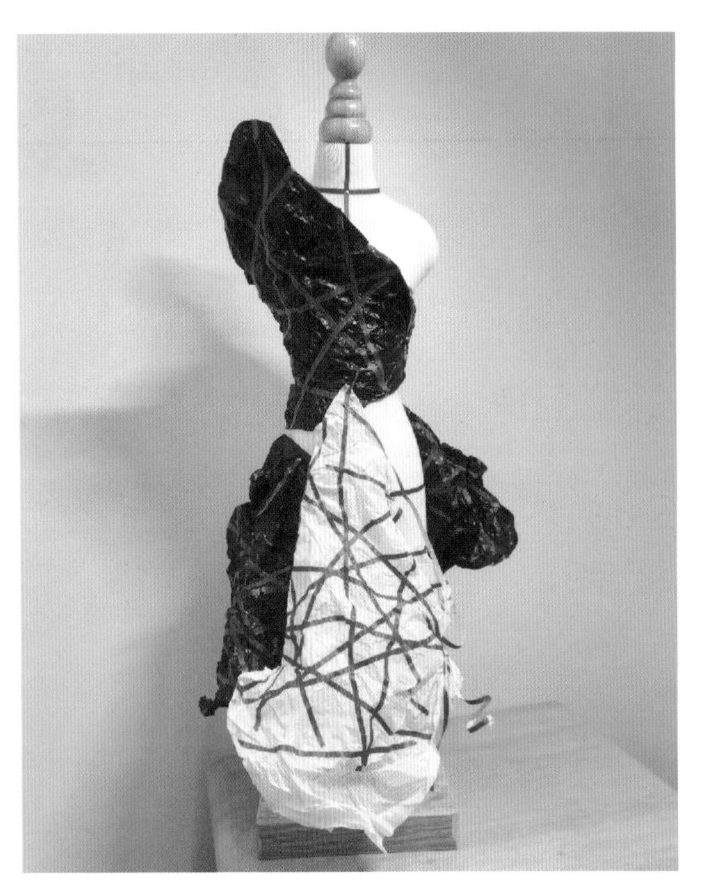

图3-20

图3-21

图3-22

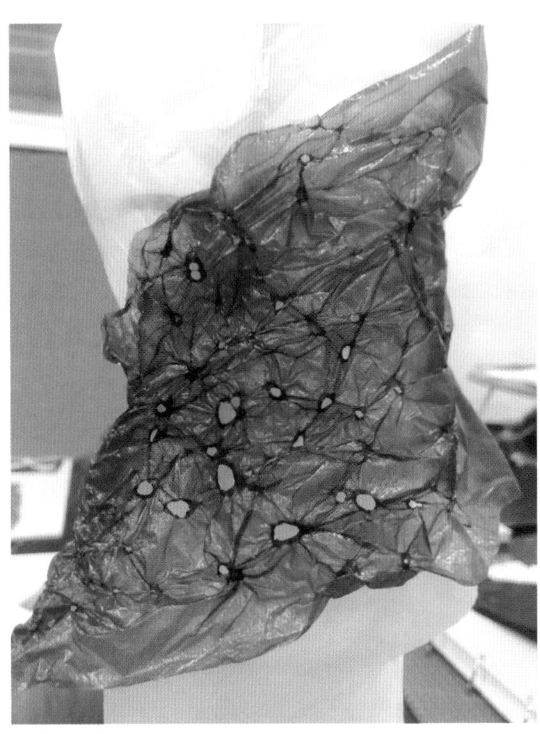

图3-23

图3-24

服装呈现

灵感来源

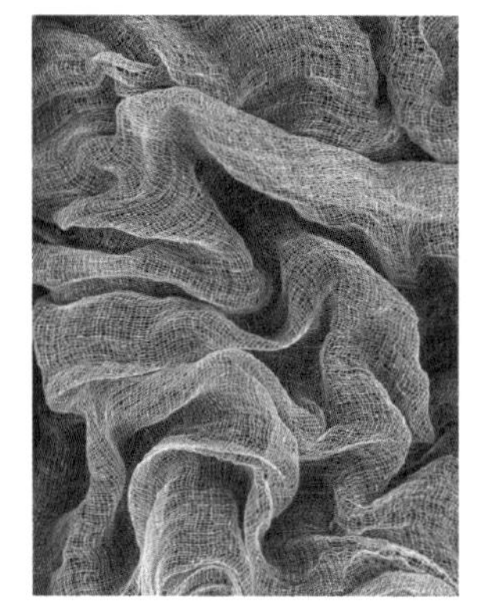

堆积在一起的网纱

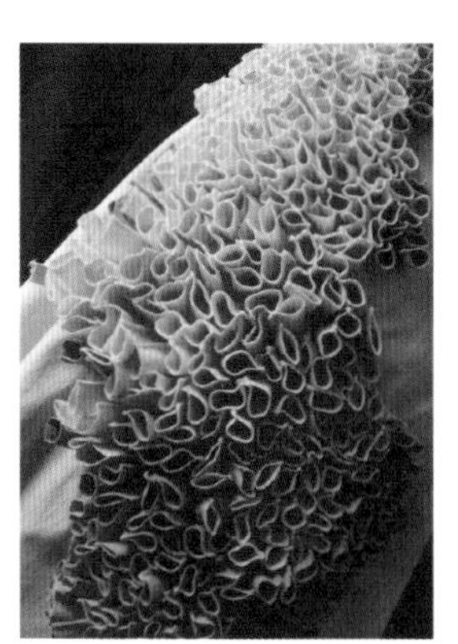

海洋生物

面料呈现

操作方法：向两端拉扯，重复

关键词：重复

图3-25

服装呈现

灵感来源

麻绳

破损的墙面

面料呈现

操作方法：将塑料条打结，拉扯

关键词：重复，捆绑

图3-26

服装呈现

灵感来源

木桩表面纹路

放射性图形

面料呈现

操作方法：向两端拉扯塑料袋

关键词：重复

图3-27

服装呈现

灵感来源

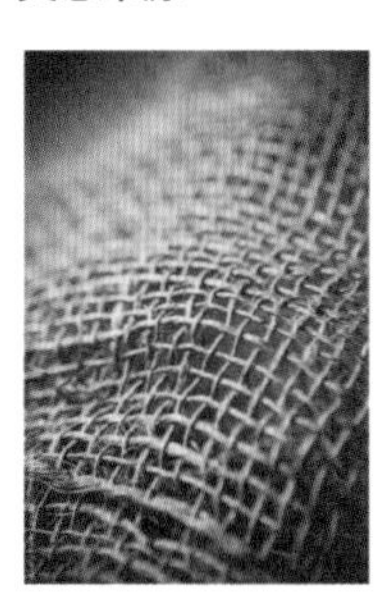

铁丝网

编织竹席

编织面料

面料呈现

操作方法：分别裁剪黑白条子，编织固定在一起

关键词：重复，捆绑

图3-28

第四讲 大人台的廓型塑造

一周的学习进入最后的冲刺阶段，在通过所获得的材料研究成果不断地在小人台上进行“服装廓型”塑造的尝试后，我们将从这些小人台尝试的小样中选择一个最具潜力的方案进行1：1比例的服装廓型创造的训练。首先，需要针对所选方案进行材料的大幅面处理。然后，使用放大的材料，可以结合另一种颜色的垃圾袋（如白色垃圾袋）的材料在1：1比例人台上展开服装廓型塑造练习，并反复推敲以寻求多种造型的可能性。这是一种围绕着人的形态展开的对于材料与空间关系的研究。在人台上展开不同结构、不同廓型尝试的同时，要求学生根据形态的不断变化，用摄影与速写绘制的手段记录形态（图4-1~图4-17）。

练习四：大人台上的廓型塑造

◎ 练习要求：从小人台上已经获得的不同服装廓型塑造中选择一个最具潜力的方案进行1：1比例的服装廓型创造训练，可以与另一种简单的材料如白色垃圾袋进行组合。

◎ 作业数量：1个。

◎ 练习时间：4课时。

学生的学习心得

◎最后是大人台的服装制作。说实在话，我真的没有想到自己能够完成。在刚听到要在大人台身上做一件衣服的时候，我简直不敢相信，当时觉得这是一件极具挑战性的事情。但是在前面的准备工作都做完，一步步做下来之后，我觉得还可以，自己应该能够胜任。但在制作过程中，我发现我总是想要表现得太多。我想把我制作的东西都展现在最后的衣服上，但结果是事倍功半。和郑老师最后演示的衣服相比，我制作的服装显然不够大气。我明白了，有时候需要学会舍弃，不是所有的好的东西都要一并展现出来。这不仅是在服装设计领域，在其他方面也是如此。

◎最后就是把自己效果最好的小样放大到大人台上。经过老师的指点，我认识到制作成衣不需要元素的堆砌，有重点、简洁大方、形体好看才是最重要的。

◎在制作了几个小的样品后，我们根据郑老师的要求开始放大我们作业中优秀的内容，这个作业并不是简单地由小转大，而是将我们的创意与想法在放大的服装廓型中找到一个较为完美的平衡点。我选择了第一个作业中的网状造型来放大，利用的是简单的“重复”与“编织”这两个手法。为了让它变得夸张、更有力量，我选择了再加入“填充”这个手法。制作的过程虽然有一些艰难，但是动手实践让我乐在其中。最让我深有体会与感触的事情是郑老师对于这个放大作业整体的把控，老师在材料改造中还融入了对于形、对于疏密、对于元素应用的整体把控。郑老师的审美教学让我受益匪浅，在一次次地看她改同学们作业的过程中，我受到很多启发，对于服装的整体感觉也有了一定的认识。

◎总结一周的课程，是让我打开眼界、打开格局的一周，让我了解了更多知识。材料研究部分对我来说比较有难度，但也是最有趣的一部分，可以天马行空地想象，用各种意想不到的材料制作出有意思的成品。

一周的阶段性学习到此画上一个句号。可以说，这是课程起步第一周，也是有些“魔幻”的一周！我们在课程中学会查找资料、寻找灵感来源，展开垃圾袋的材料“再设计”研究，从小人台到1：1大人台的“服装廓型尝试”，再加上一周每天坚持30分钟的着衣人物速写，这是非常紧凑但充实而具有收获的一周。

值得一说的是，“万事开头难”，任何一个课程的起步阶段都是十分重要的，无论是从课堂的纪律、学生的学习态度以及工作的效率，都会在这第一周中被塑造，因此，如何“设计”好第一周的课程，把控好课堂的教学方式是至关重要的。

图4-1

图4-2

图4-3

图4-4

图4-5

图4-6

图4-7

图4-8

图4-9

图4-10

图4-11

图4-12

图4-13

图4-14

图4-15

图4-16

图4-17

第二章 主题演绎

结束了第一周的垃圾袋练习，我们将进入第二周以材料练习为主线的教学环节。但在开始进行材料的徒手训练之前，要求学生能够为下一步的练习设定一个研究主题，并沿着这个主题通过两个相关联的途径来进一步寻找灵感。我们将着手做两个方面的工作。其一，希望学生学会根据研究的主题与方向制作简单的“灵感板”；其二，给学生输入一个“研究手记本”的概念，要求这个“研究手记本”成为他们生活与学习的日常，在整个课程中，这本“手记本”将陪伴他们学习与研究的全部过程。

在这个章节里，我们需要解决主题的确定、“灵感板”的制作以及“研究手记本”方面的知识学习。

第五讲 寻找研究主题

在我们的设计教学中，无论是针对哪方面的设计训练，都会涉及确定研究方向、寻找研究主题的问题，只不过是根据课程的不同，寻找的方向以及展开的路径也会有所不同。就“服装设计基础”课程而言，与“女装设计”“男装设计”等课程相比，会有明确的目标与定位上的区别。由于这个课程是设计基础，所以不像“男装”“女装”那样有既定的设计对象、设计目标与方向，而更多的是希望在这个课程中，讲授给学生基于服装设计最基础的一些导入设计的思路与方法。因此，作为一次服装设计基础的训练，在没有既定的具体设计目标的前提下，我们需要自己假设一个方向或是目标，找一个帮助我们研究出发的主题。另一种理解是这个主题只是假设的，是用来借题发挥的一个研究的出发点。一般来说，我们会鼓励学生寻找自己在日常生活中感兴趣的点，那些对他们自己来说能够激发出创作思维与创造动力的关注点。然后围绕着这些点，寻找出与之相关的关键词和可以为设计带来灵感的图片，来展开一系列涉及服装设计要素，如服装廓型、服装面料、服装色彩等方面的设计灵感来源的探索与研究。

以往课程的经验表明，对于这个灵感来源的主题的选择，往往会有两种可能性：既可以是物质层面的，也可以是精神层面的，而两种选择各有利弊。基于物质层面主题的优点，是看得到摸得着，比较形象化也易于把握与表现。而精神层面的主题，尤其是情感方面的就会比较虚无缥缈，难以把握，但学生们往往很容易有所共鸣并深陷其中。因此，在研究主题的选择上，需要教师与学生之间就服装设计要素的研究前景进行很好的沟通。无论哪一种选择，最关键的还是要能够有助于从这些主题的延展中引发出服装的廓型、结构、面料、色彩、纹样等方面的设计元素与形态的探索与研究（图5-1~图5-10）。

灵感板制作中需要注意的几个问题

◎ **关键词：**在确定主题之后，可以通过一次“头脑风暴”来寻找不同的拓展方向。寻找出“关键词”可以是第一步的工作，试着大量地挖掘与寻找与主题有关

练习五：灵感板制作

◎ 练习要求：从日常生活中的方方面面寻找一些自己感兴趣的点，从这个点出发，围绕着与服装设计相关的要素进行多样化的设计灵感来源搜索：文字的、图片的……为下一步的服装设计要素研究做好基础准备。

◎ 作业数量：每人1张。

◎ 练习时间：4课时。

联的各种词汇，以发散式的思维打开通往设计的诸多通道。然后在众多关键词汇中精选出最重要的、易于拓展的、与服装设计相关的几个主要方面的思路。最终，可以从这些词汇中归纳出5~7个最能影响自己未来的服装设计的与廓型、结构、材料、色彩、纹样相关的关键词汇，这些是我们完成灵感板制作的重要依据与方向。

◎ **图片的选择：** 从主题导出的5~7个关键词便是下一步的拓展方向，我们将从各个领域、角度，围绕廓型、结构、材料、色彩、纹样等方面寻找与这些关键词相关的图片资料，找出下一步的创作思路。

通常，在一张灵感板上，我们一般会要求学生选择10张以内的图片，并标注主题名称以及选用的关键词，目标是制作一张能够通过图、文的呈现，一目了然地展示自己研究思路的灵感板。值得注意的是，尽管是为了服装设计寻找灵感，但在寻找资料的时候，不一定局限在服装设计的范围之中，可以宽泛地从不同的领域、视野展开资料与灵感的搜索，如从艺术、建筑、设计、电影等多个领域，也可以是从材料的、色彩的、质感的甚至情感方面的路径展开搜索，这样有助于激发设计思维。

◎ **灵感板的版式：** 基于灵感板排版的一些专业问题，由于学生缺乏经验，常常会有一些在主次关系上、版式设计上的误区与疑惑。为了避免走过多的弯路，在这里结合以往的经验给大家一些建议。

第一，在寻找图片资料的过程中，尽量避免图片过于集中在某一个区域里，无须过多地聚焦于服装成品本身，应该根据关键词去从各个领域寻找一些能够帮助我们激发创作灵感的元素、氛围、思路，整个灵感板应该让人一看就能感受到清晰的设计思路。

第二，关于文字，应该把主题词与关键词做一下文字的大小、主次层级上的区别，避免在版面上层次不清的错误。同时，主题词与关键词要求使用中文或是中、英文，但应该避免文字上的错误。

第三，不要把所有的图文在版面上堆积得密不透风，要留出一些视觉浏览的空间。

第四，尽可能标注出所预测的大致色彩倾向，尤其是相应的主要的色谱关系。

图5-1

图5-2

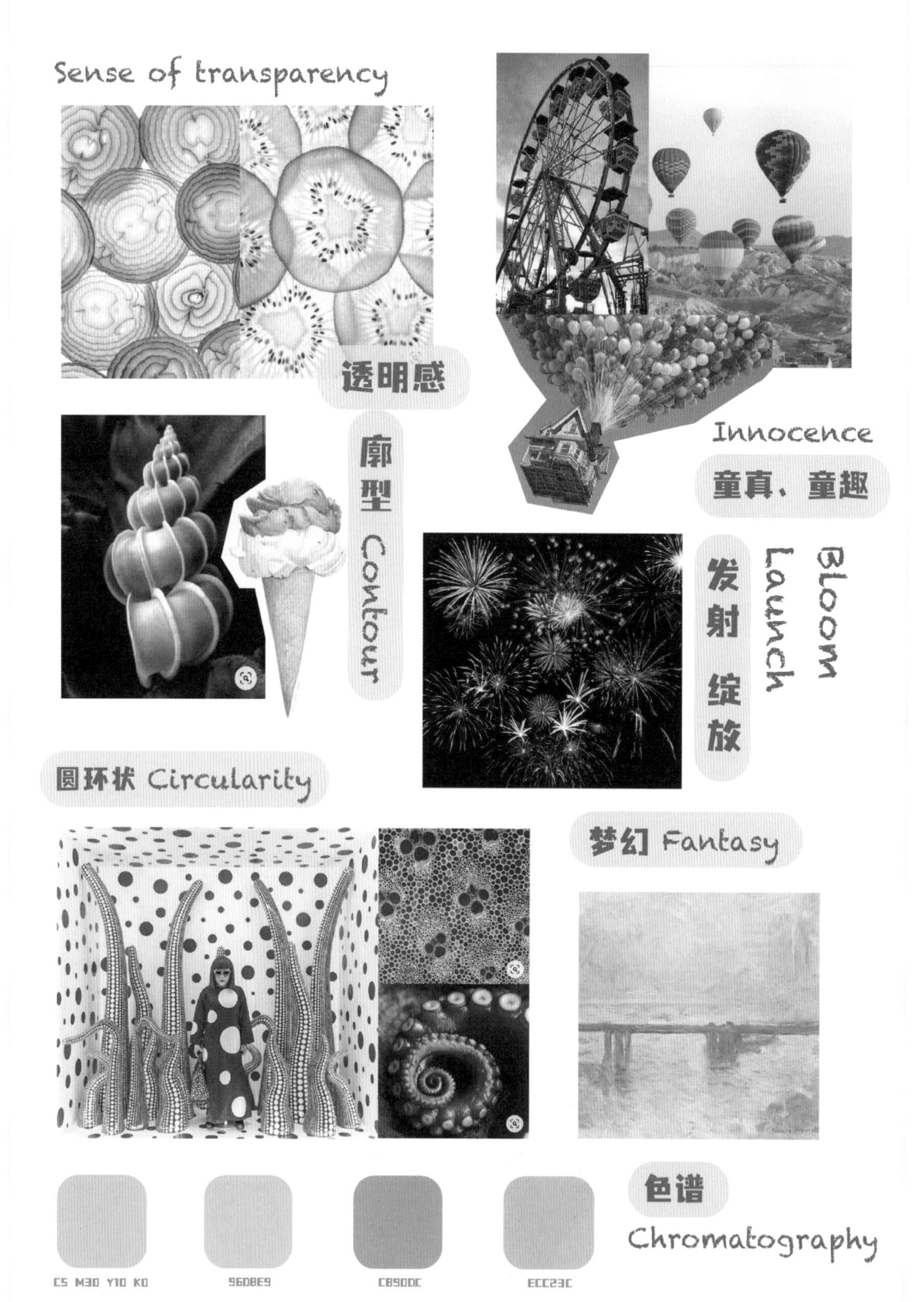
Sense of transparency
透明感
廓型 Contour
Innocence
童真、童趣
发射 绽放
Launch
Bloom
圆环状 Circularity
梦幻 Fantasy
色谱
Chromatography
C5 M30 Y10 K0
960BE9
CB90DC
ECC23C

图5-3

爱与浪漫
Love
and romance
Becurious
好奇心
满足
Satisfy
成长
Happy
迷茫
Confused

图5-4

Romanticism
浪漫主义
John Galliano
马克·夏加尔
FW 1998
Ready-To-Wear
John Galliano
Spring 2011

图5-5

WE'RE ALL MAD
México
Day of Death

图5-6

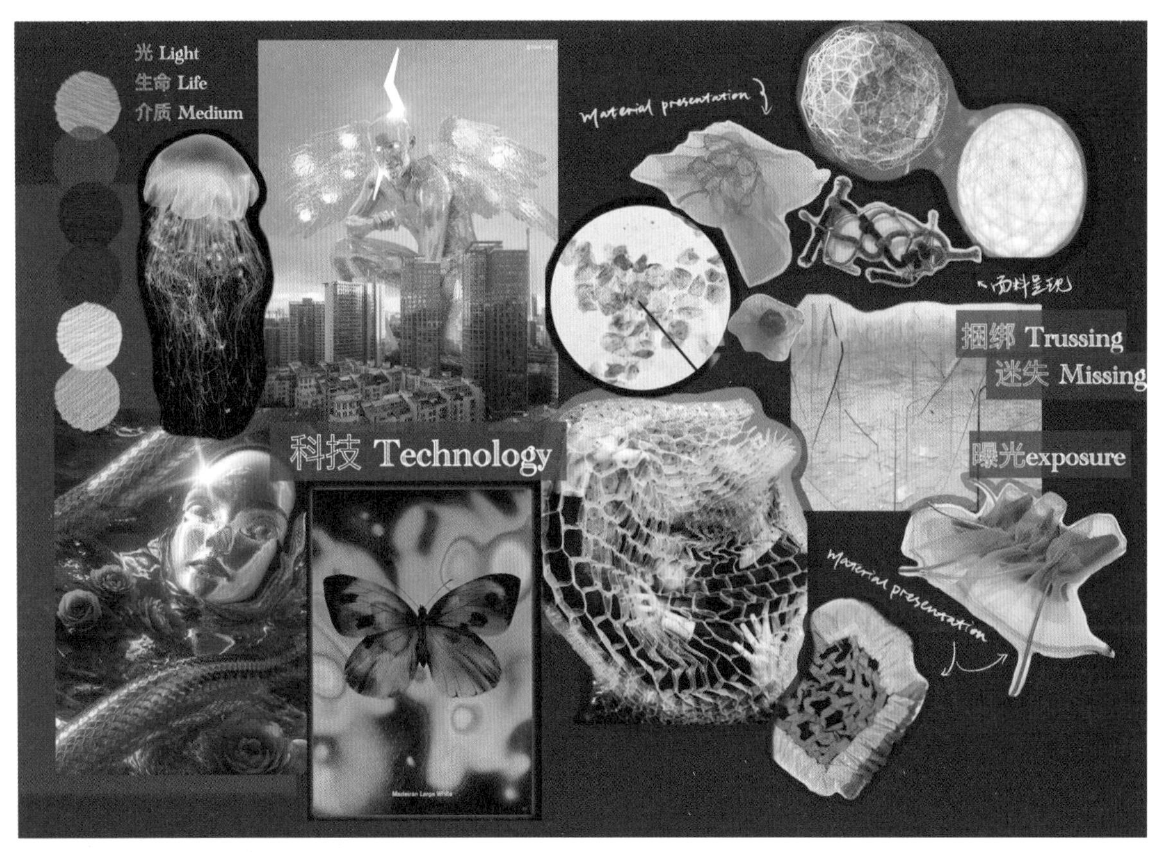
光 Light
生命 Life
介质 Medium
Material presentation
面料呈现
捆绑 Trussing
迷失 Missing
科技 Technology
曝光exposure
Material presentation

图5-7

高饱和
复古
Haute
Couture
配色参考
感性的

图5-8

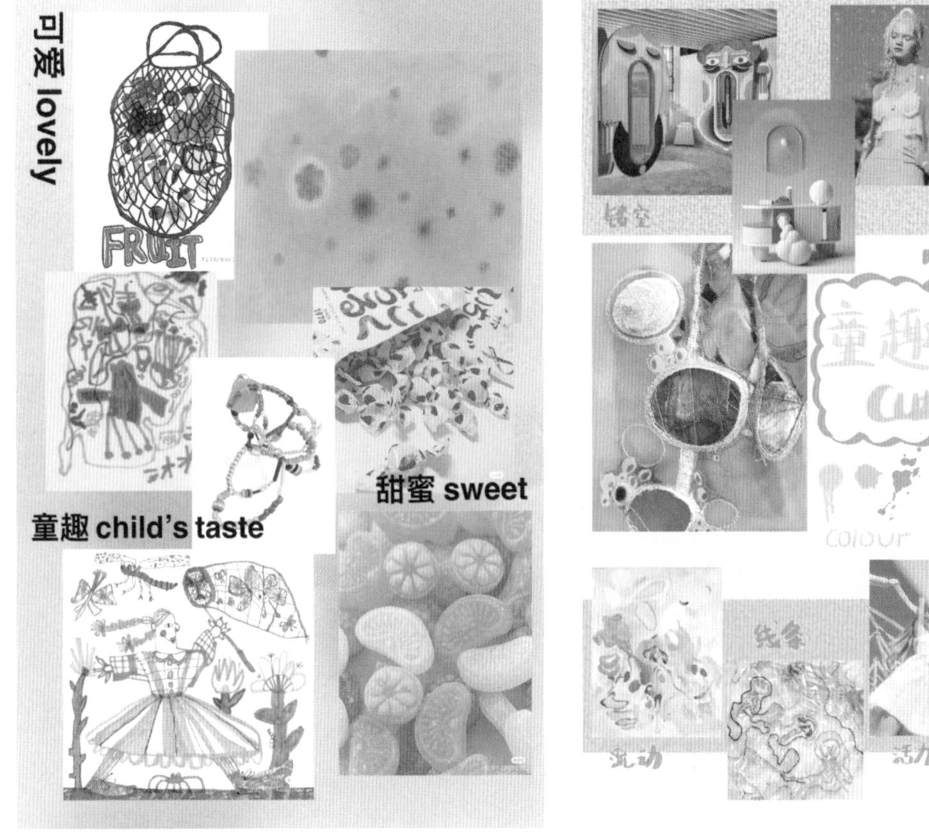
可爱 lovely
FRUIT
甜蜜 sweet
童趣 child's taste
童趣
COLOUR
TOY

图5-9

图5-10

第六讲 研究手记本

从整体上说，灵感板为我们制定了研究与拓展的大方向，而研究手记本则是在灵感板既定方向的基础上，围绕与服装设计相关的如廓型、结构、材料、色彩、纹样等方面展开的研究与拓展，手记本上的探索与研究应该显得更加深入、更加丰富、更加全面，体现着作者对于各个环节与细节的思考、探索。

“研究手记本”，也称sketchbook，这是一个在国际专业范围内设计师、艺术家通用的专用词汇。研究手记本的概念源自用于手记用的本子，即一个用于记录所见、所闻、所想的记录本，学生们也常常称为“速写本”，但却并非人们平日画画的“画速写”概念。在服装设计基础课程中，我们要求学生每人准备一本A4或者A3尺寸（根据课时与练习要求而定）的文件夹作为课程的研究手记本，在这个本子上记录并汇总整个课程中所经历的过程，是一个在课程中贯穿始终的各个阶段性成果记录的载体（图6-1~图6-23）。

练习六：手记本练习

◎ 练习要求：这里的手记本练习是一个贯穿于整个课程中的练习。从另一个角度理解，手记本即课程过程中围绕着与服装设计相关的要素进行研究以及最终成果的整体记录。

◎ 作业数量：一本/A4尺寸。

◎ 练习时间：贯穿整个课程。

学生的学习心得

◎课程的开始，我们从手记本入手，手记本的制作是充满随意性的，可以任意剪切打印的资料，以及不同材质的面料，再根据这些扩展自己的灵感，是一个随心所欲的过程。

◎这一周开始着手手记本的积累，再衍生到面料改造。首先就是根据自己的主题创作灵感板，通过查阅资料和收集图片，我决定以温室作为我的灵感板主题，将生命和科技结合，采用具有科技感的白色、灰色和透明材料，以及代表着生命力的绿色和橙色材料。当时还不知道该怎么从“温室”发展到面料，我就从用面料表现出温室的具象物体入手，如玻璃、植物、灯管等，后来慢慢转变为较为感性的画面和材料。

图6-1

图6-2

图6-3

图6-4

图6-5　　　　图6-6

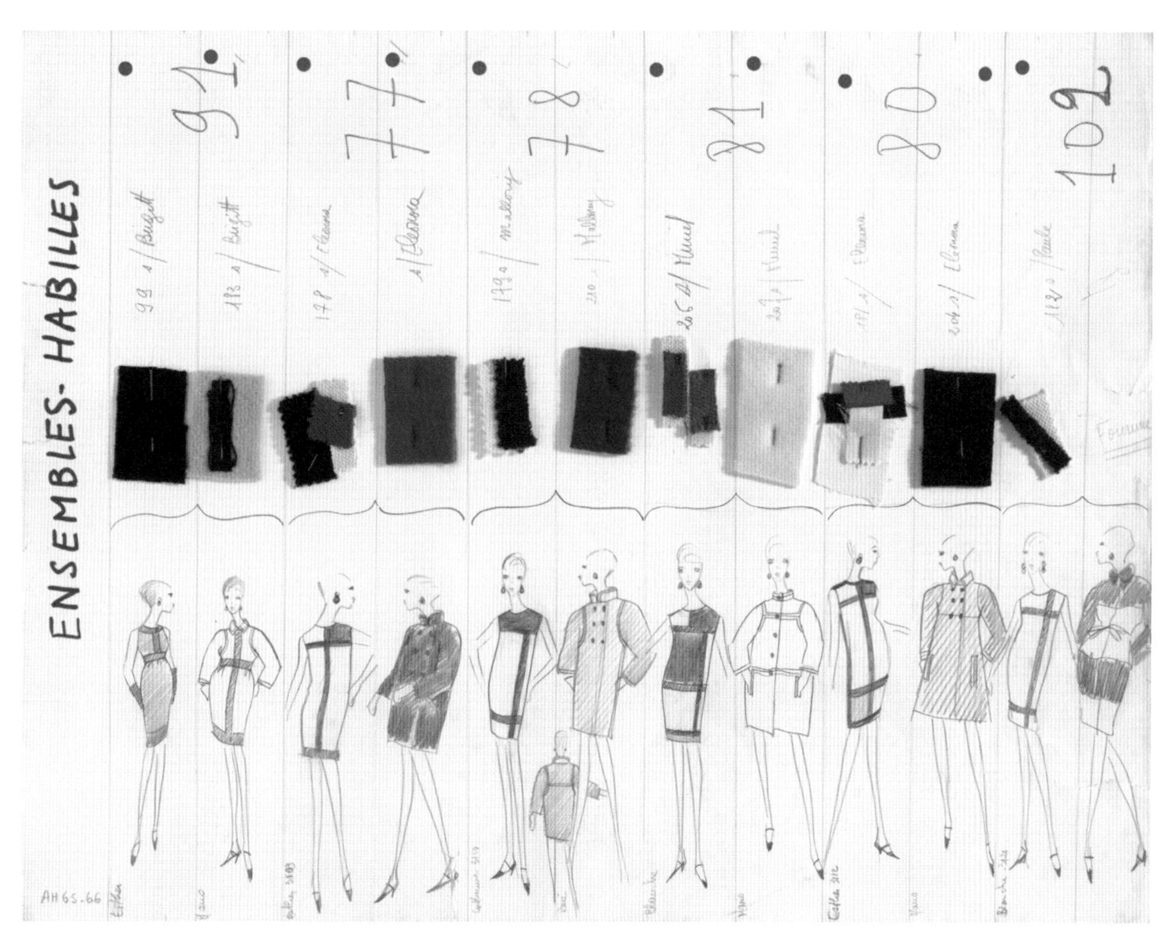

图6-7

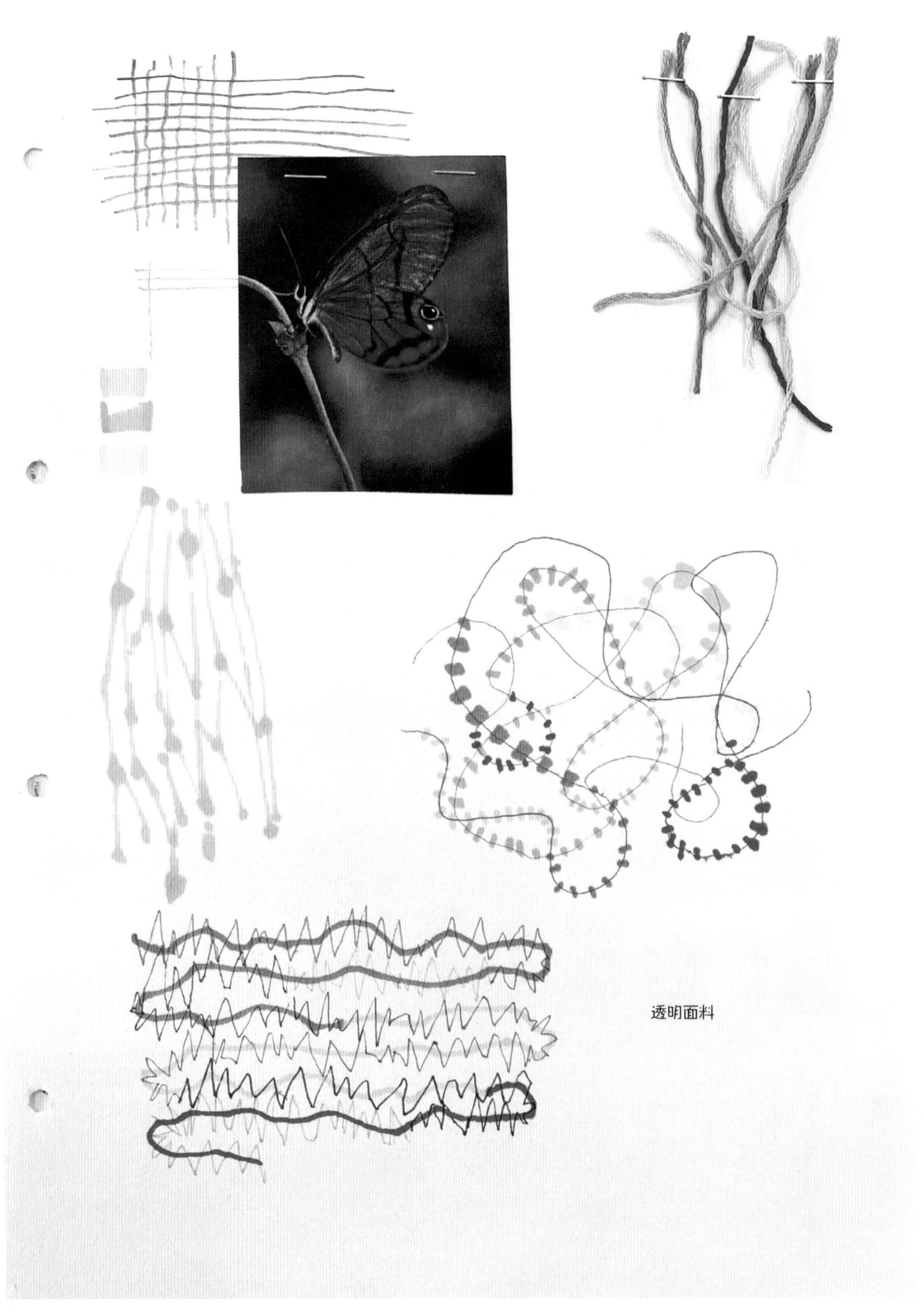

图6-8

图6-9

图6-10

图6-11

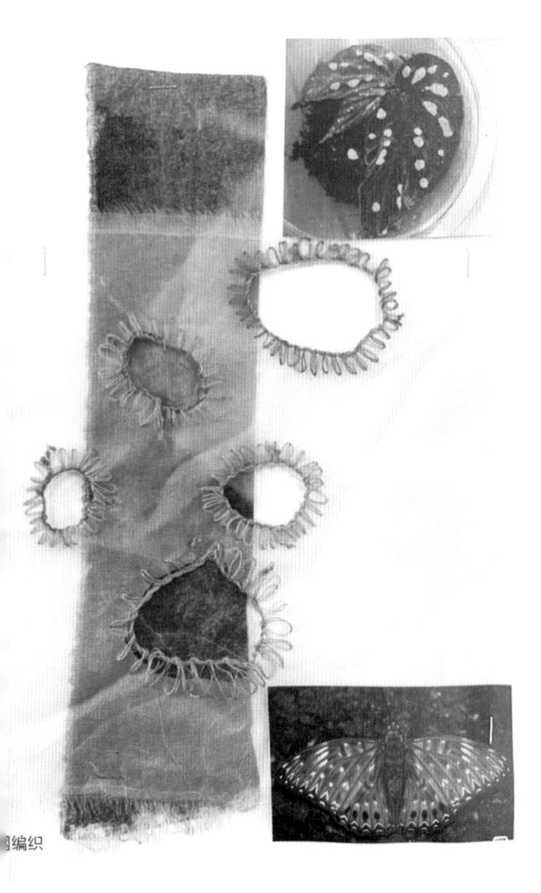

图6-12

图6-13

图6-14

图6-15

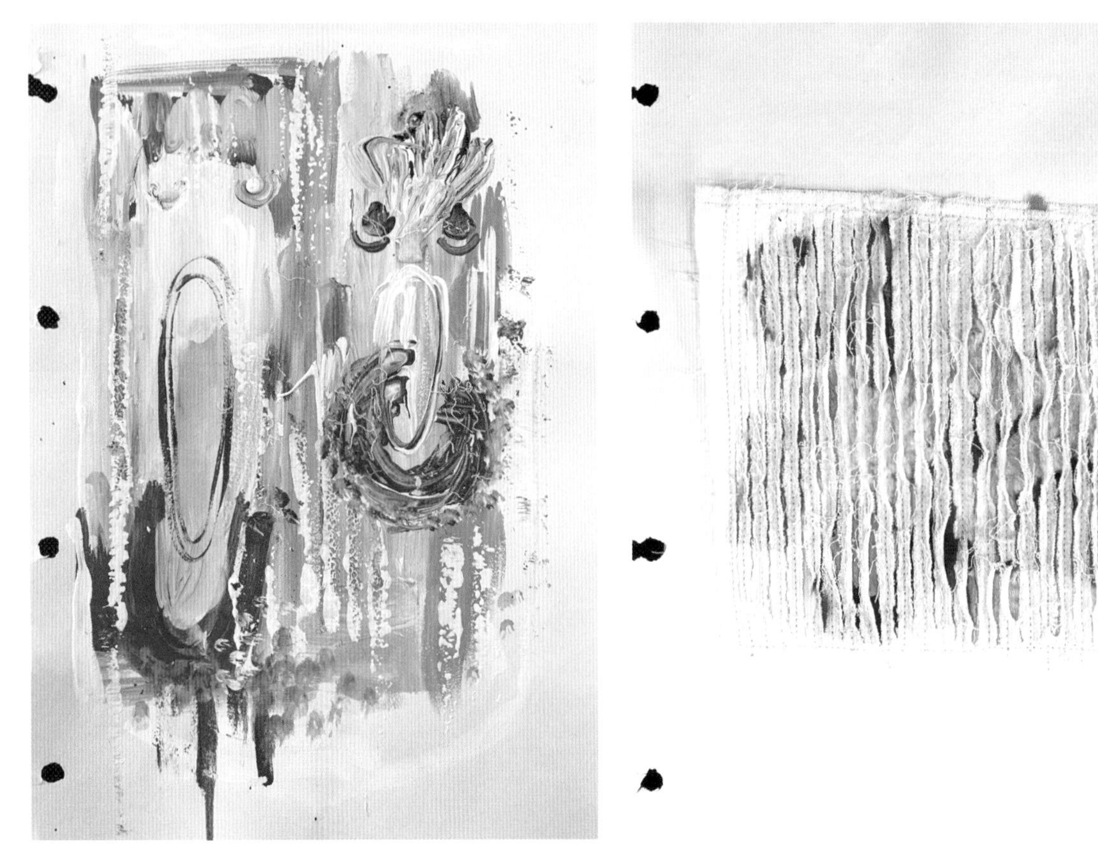

图6-16

图6-17

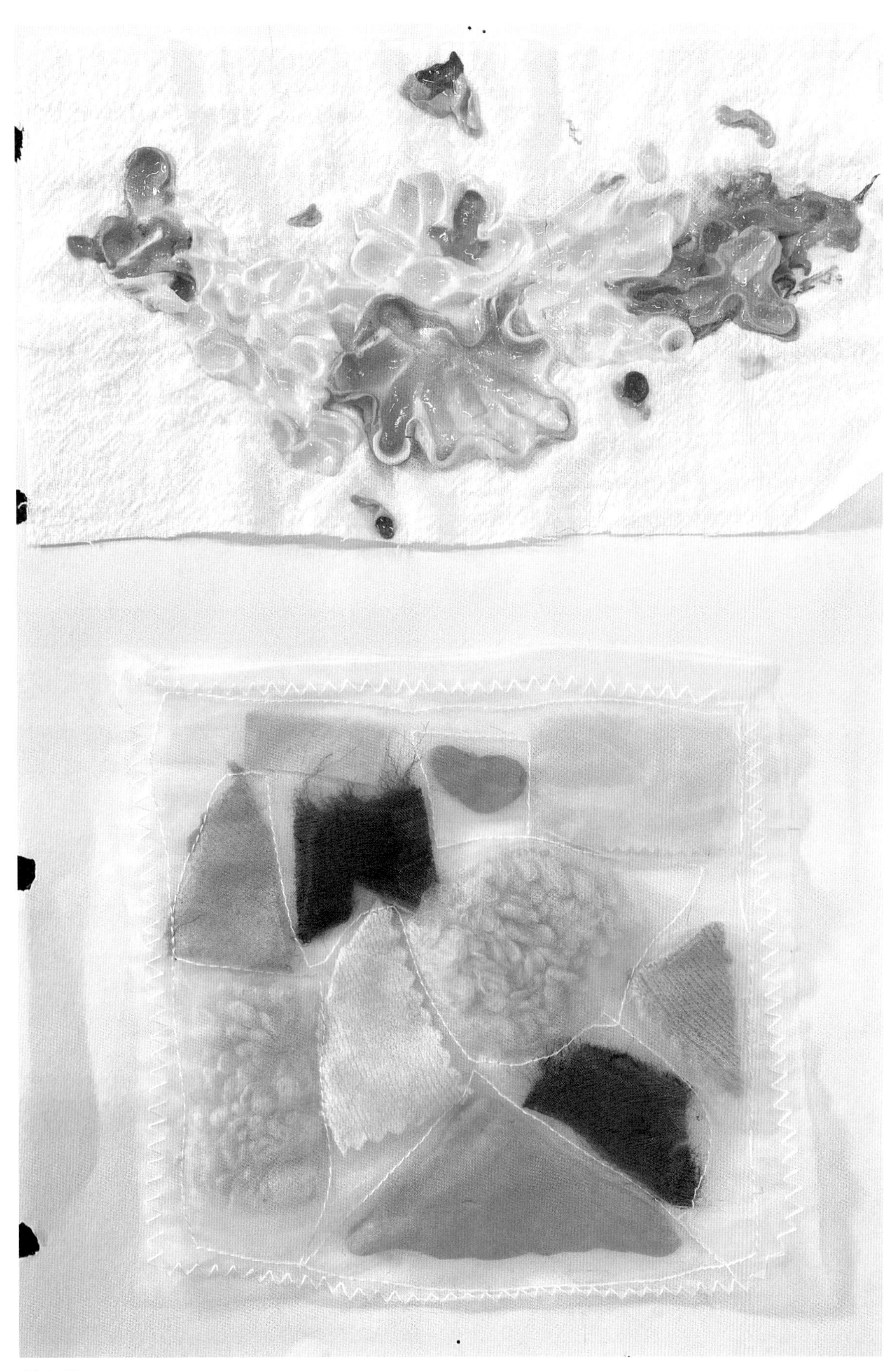

图6-18

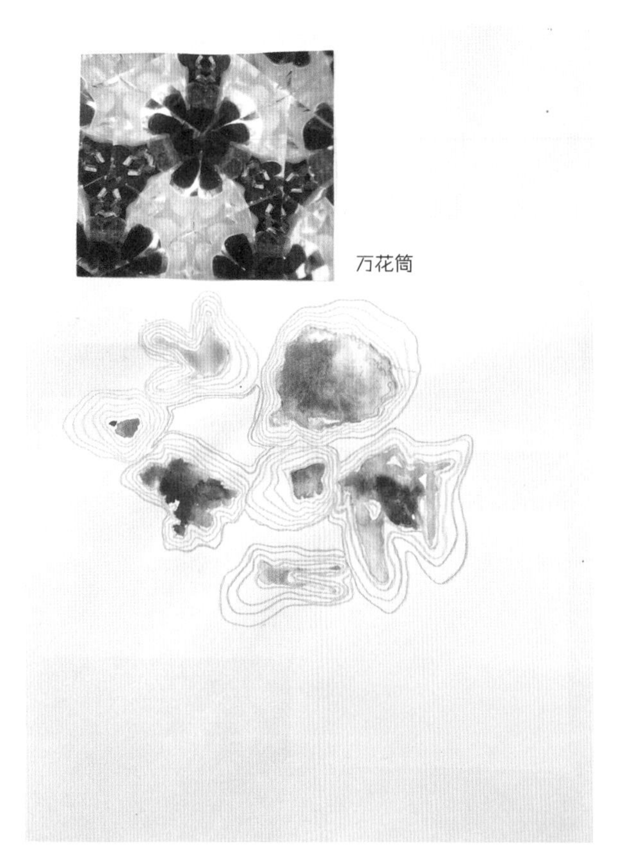

图6-19

图6-20

图6-21

图6-22

图6-23

第三章 面料改造

影响服装设计的要素有很多，除了服装整体的造型形态之外，服装面料的选择也是十分重要的，因为面料的材质、触感以及色彩都直接影响到服装外部的视觉效果。

第七讲 服装面料再创造

在正常情况下进行服装设计时，我们都会在现成的服装面料中做出选择。但是，在一个大学二年级的服装设计基础学习中，我们还是很希望传授给学生对面料的选择、处理以及再设计的专业知识。因此，这个环节的课程目标便是进行服装面料的创新，即面料的再创造研究。

服装面料的再创造，顾名思义，即我们可以选定一种或多种既定的面料作为研究起步时的基础，但我们的目标是尝试着在原有面料的基础上展开形态、结构、纹理的再设计。我们希望鼓励学生带着一种敢于创新的探索精神去进行创造，哪怕是通过一些极其微妙的改动与调整，却能够使面料在原有的基础上呈现出一种新的面貌与魅力（图7-1~图7-18）。

练习七：服装面料的再创造

◎ 练习要求：选择与设计主题与效果相关的服装面料，对其进行一次改良与再创造，使其具备另一种新的视觉魅力。

◎ 作业数量：4~5个尺寸20cm×20cm的面料小样。

◎ 练习时间：8课时。

关于面料再创造的练习，学生往往会有一些问题与误区，根据以往在教学中遇到的问题与积累的经验，在这里就教学的理念与练习操作方法进行一些讲解与提示。

首先，需要明确一点，我们选择主题的时候，是选择了一个可以被“借用”的主题作为起步时的出发点，为的是帮助我们拓展思维。但是，最终的研究成果还是需要落实到服装设计的本体需求上，在进行面料再设计的过程中，应该摆脱所选择主题的具象特征的束缚，而应该更多地注重感受，专注于服装设计在视觉审美上、面料材质上的需求。

其次，做面料改造的时候，要敢于创新，要有艺术感受，注意面料的视觉效果。但无须太夸张，需要理解这是为服装设计而处理面料，需要预测一块面料在放大以后做成服装穿到人体上会是怎样的状况。

最后，在创造过程中，可以允许与鼓励尝试着使用两种不同的材料进行混合，但需要谨慎对待，尤其是需要思考是否符合服装面料的需求。需要区别于大学一年级“三维设计基础”课程时所做的简单的材料练习，明确我们正在进行的是针对服装面料的再设计。两种不同材料混合时，应该注意主次关系。

学生的学习心得

◎在面料改造的初期，我局限于布料，不擅长灵活运用生活材料，在看了历届作品和一些资料之后，学习到了面料改造的多样性，有趣的改造来源于普通的东西，看似废弃的东西也可以玩出很多花样。布料与布料的结合，布料与废弃物、其他各类物件的结合，物件之间的结合，都能碰撞出精彩的改造。我也从身边的同学那里学到了很多，有些同学善于表现有冲击力的主题与想法，有些同学擅长纹样绘制，有些同学在面料改造上有很多奇思妙想，在每一天看同学的作业以及老师讲评授课的时候，都会受到新的启发，产生新的想法，这让我很兴奋，也越来越沉浸在服装设计的学习当中。

◎这周学习了面料改造，跑了两三次面料市场，买了挺多花样的布料，但最后郑老师选了最普通的白布制作的面料让我放大。这块面料其实就是白布上用缝纫机车线，没有其他花里胡哨的点缀，和我之前用了很多材质去装饰一块布的感觉不同，就是很质朴，很简单地“改造”它。在我没有明白郑老师想法之前，我总是想着用花里胡哨的布料去制作，从而忽略了课程中“改造”一词的含义。对布料的二次成型、二次创作，都属于面料改造的一种，面料可以重复出现，但经过改造之后，每一块布料都是独一无二的。

◎我对于布料的改造有了新的认识，首先，布料的改造并不限制于布料本身，而是要有更加宽广的视野和创新的想法。其次，改造并不是什么非常绚丽、复杂的手法，往往最朴实、简单的改造也可以成为我们设计的核心。

◎在这一阶段的课程，我们进行了面料改造的学习。我的主题是可爱、童年。在我的理解中可爱是粉嫩的马卡龙色，童年则是五颜六色。于是我选择了粉色、绿色、蓝色、黄色作为主色调。在材料的选择上偏向于毛绒物，如羊毛毡、毛毛布。还有儿时常玩的黏土。将他们以拼贴的方式组合在一起。我觉得面料改造很神奇，我无法控制它的变化，也无法想象最终的成果。只有在拿到面料的时候，根据它的颜色和质感，脑子里才能涌现出许多想法，继而动手去做，将想法实体化。上一阶段垃圾袋作业让我懂得服装的整体性，元素可以单一但不能杂乱。但是我喜欢各种元素的叠加，所以在面料改造时，乱中有序是我的一个目标。

◎对于挑选面料，我是有着很大兴趣的，从选定主题——复古的浪漫，到选择主题相应的配色，再到搜集相关配色资料及灵感，最后去选择相关面料进行改造。我选择的是咖色、豆绿色以及白色的面料，其中有不同材质，如羊羔绒、羊毛毡、棉麻布、杜邦纸、欧根纱等。通过不同的手法，如灼烧、撕扯、剪切、车缝、黏合等，可以赋予面料许许多多的可能性，通过不同面料的结合，可以使原本单一的材质富含层次变化。

图7-1

图7-2

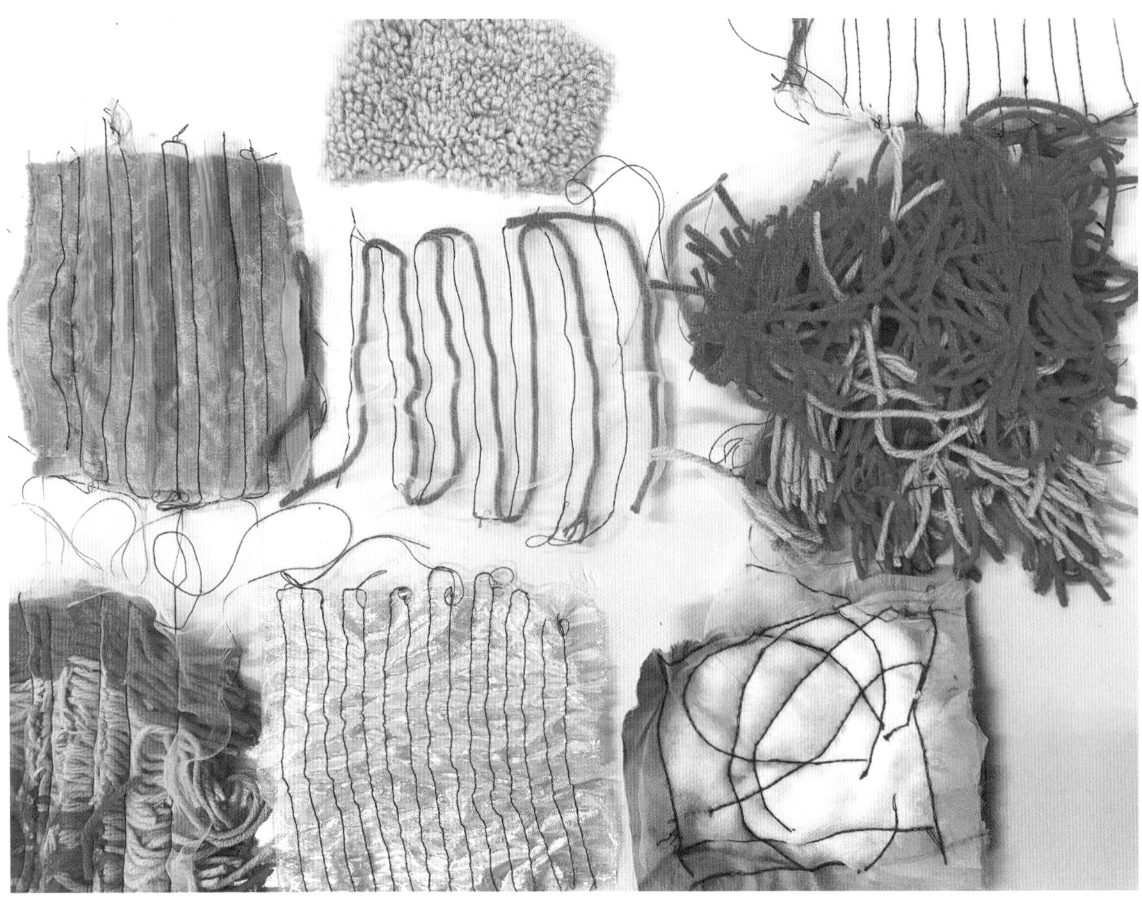

图7-3

图7-4

图7-5

图7-6

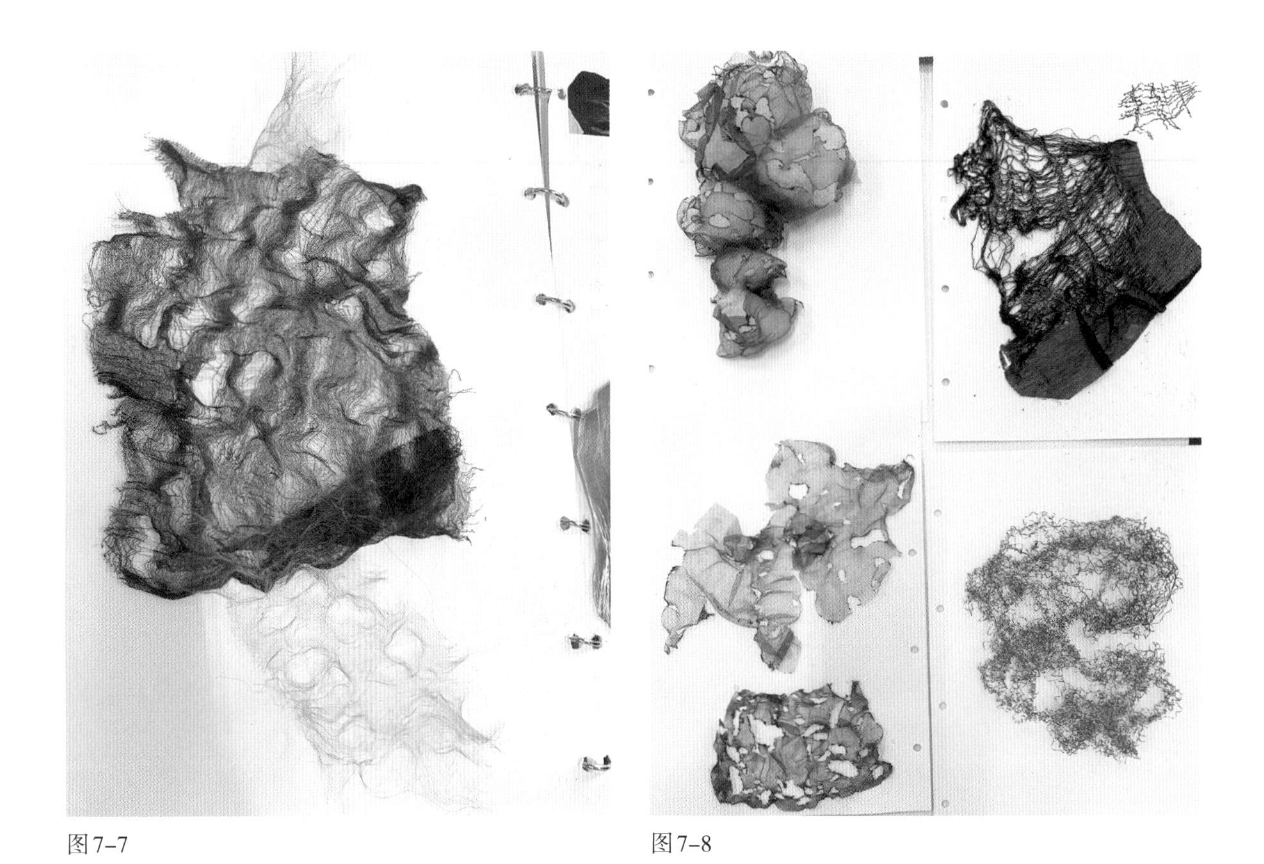

图7-7

图7-8

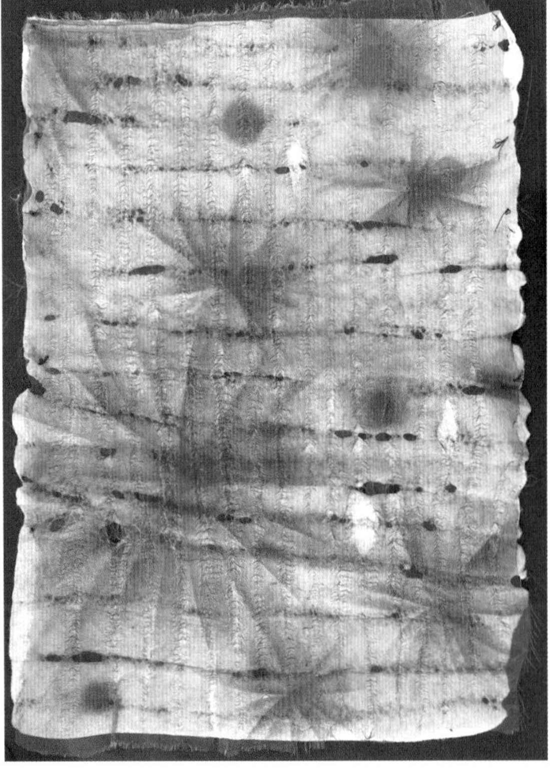

图7-9

图7-10

图7-11

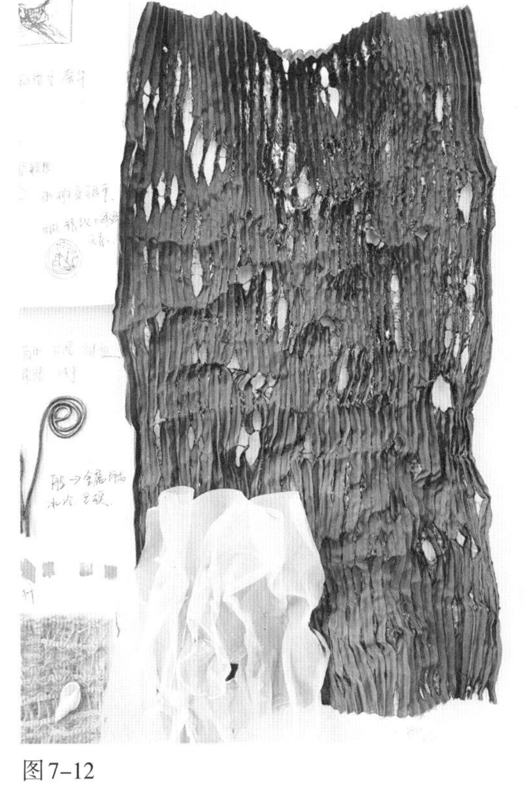

图7-12

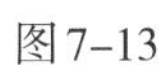

图7-13

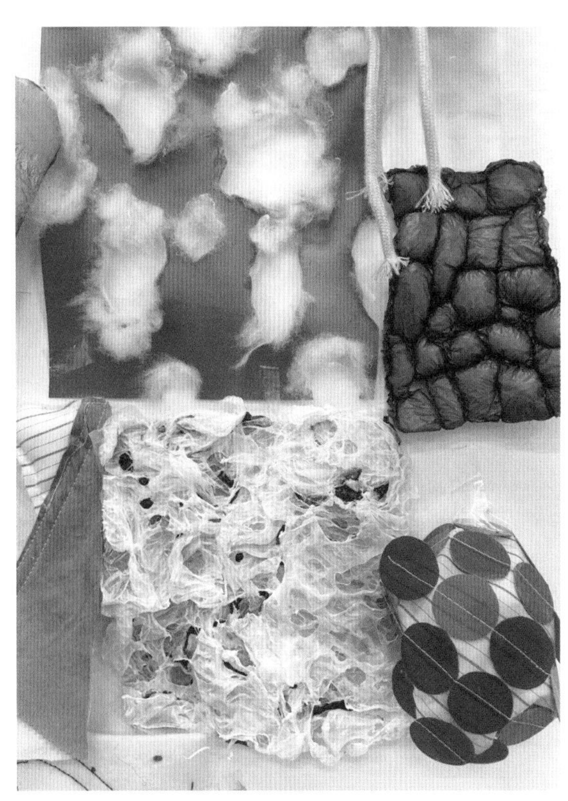

图7-14

图7-15

图7-16

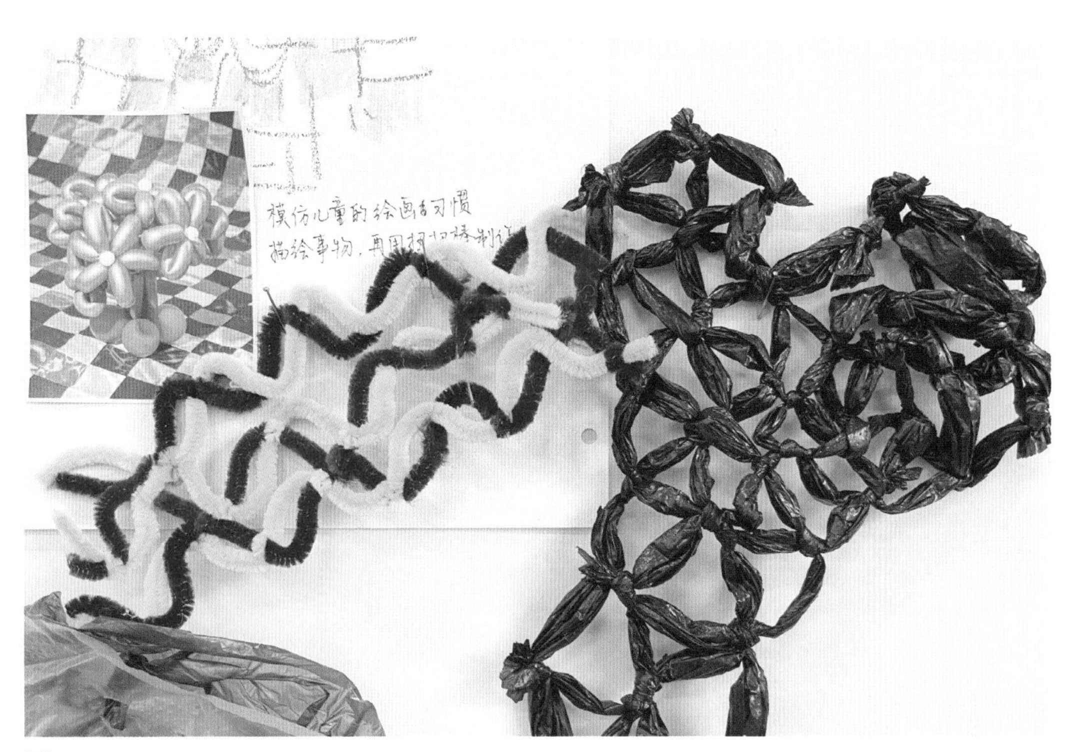

图7-17

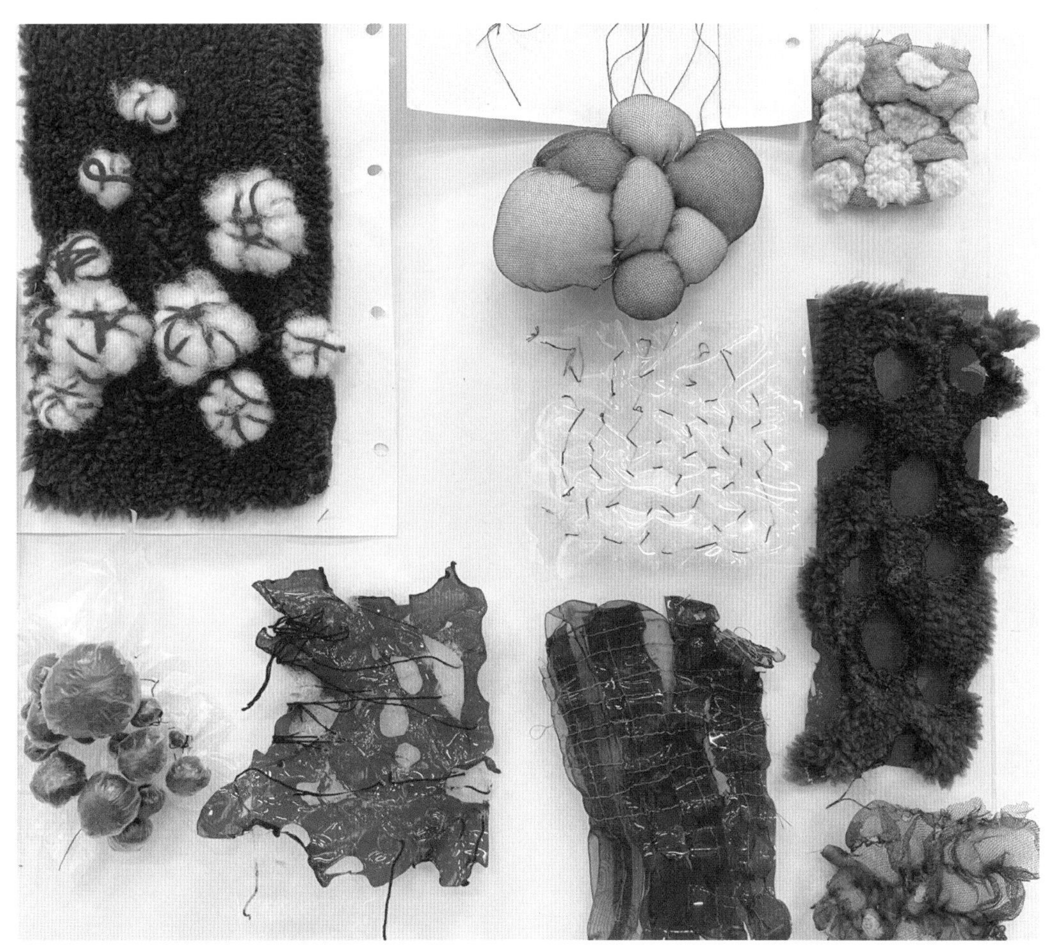

图7-18

第四章 廓型创造

就服装设计而言，服装的整体造型，即我们平时所称的服装“廓型”是十分重要的，因为它决定了服装外部整体的视觉形态。

第八讲 认知服装廓型

廓型，在服装行业中有一个特有名词“silhouette”，指的就是服装的整体外部轮廓。人们通过服装廓型首先了解到这款服装的造型特征，进而更加深入地了解服装的结构、材质、肌理与色彩。尽管，在这个大千世界中，每一款服装都具有其独特的外部形态视觉特征，但是我们仍然可以从普遍意义上对各种不同的服装形态进行分析、归类，甚至以不同的命名方式来形容服装廓型的形态。在服装业界，有这几种不同的命名方式：有根据大写英文字母形态如A、H、X、O、T来分类的；也有按照如长方形、三角形、椭圆形、梯形等几何形态命名的；还有一些则用具象形态的形容方式命名，如郁金香形、喇叭形、酒瓶形等。目前，在巴黎时装界比较普遍的使用方式，则是将不同的廓型归纳成四个大的板块，分别是：球形（ligne BOULE），即从整体的外轮廓看，呈现出不同形态的球形特征；曲线形（ligne CINTREE），以服装收腰为显著的特征；直线形（ligne DROITE），整体的服装外形比较硬朗，更像是由几个长方形、正方形所组成；梯形（ligne TRAPEZE），也称为秋千形，即有一点像秋千来回摆动，上紧下宽的形态（图8-1~图8-4）。当然，应当指出的是，所有这些区分廓型类别的名称只是为我们呈现出一个服装整体的形态概念，而无论我们采用哪一种命名方式去界定服装的廓型，这些概括的形态名称都只能是象征着一件服装的整体外在的视觉形态特征，而落实到具体的服装款式设计上，还会在这个整体廓型特征的基础上植入各种款式设计细节，并形成风格各异、千姿百态的状况。

更为贴切地说，在大部分情况下，以上所涉及的这些经过归纳的廓型形态表述是无法全面承载现代服装设计丰富多变的廓型形态的。在真实的设计实践中，我们面临的可能是其中的两种或以上的廓型并存、相互渗透的状况。因此，没有必要以过于简单绝对的方式理解与定义服装的廓型。更何况，就时尚设计而言，标新立异与追求变化的欲望，以及对服装个性、特色的追求，也在不断地促使设计师打破这些固有的廓型规律与概念。

然而，对于刚刚涉足服装设计学习的学生而言，对服装外部整体形态即廓型的了解仍然是一个重要的基础。因此，在我们的教学中，也希望从课程之初就能以这样一种对服装廓型作出分类、归纳的方式，传授给学生服装廓型的基本概念。

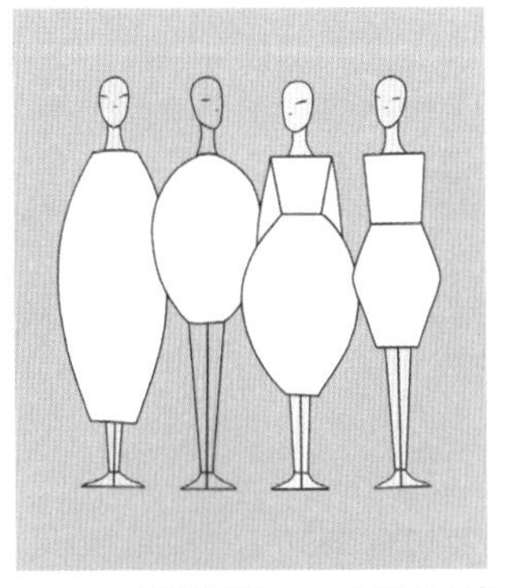

球形（ligne BOULE）

图8-1

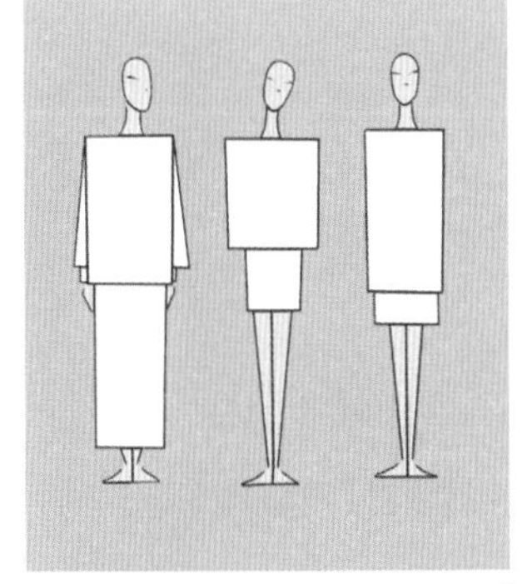

直线形（ligne DROITE）

图8-2

梯形（ligne TRAPEZE）

图8-3

曲线形（ligne CINTREE）

图8-4

第九讲 小人台廓型塑造

在小人台上进行廓型练习是这些年来我们在课堂上常用的廓型基础练习的形式，其优点在于对于一个服装设计初学者而言，这是一个便于上手、便于操作的实践型练习。其实际意义在于与在纸面上进行效果图、平面图的廓型练习相比，这个练习能够避开盲目的“纸上谈兵”，使用真实的、简易的方式进行直接的体验性创造，从体积、空间、结构等角度去理解服装设计的廓型塑造关系。

小人台廓型塑造是一个经过设计的快速练习，简易却神奇。通过对简单形态的面料在小人台上进行折叠、组合，拿捏、把控，面料与人台的关系变换可以使学生快速了解服装廓型，并且学习如何通过这样的方式获取后续的服装设计灵感。

小人台廓型塑造的练习方法大致可以分成2~3个部分，基本操作如下。

首先，以圆形、正方形、长方形这三个几何形状作为研究的基础元素，任选其一，用白坯打板布制作后，在1/3小人台上进行廓型塑造。

其次，同样是在三个基本型中任选其一，进行切割，使用被切割后形成的两个部分，用白坯打板布制作后，在小人台上进行廓型塑造。

最后，在三个基本型中任选其一，进行切割，并将切割后的两个部分组合，形成另一个基本形态，用白坯打板布制作这个新的形态后在小人台上进行廓型塑造。

在整个小人台廓型塑造的过程中，要求对取得的不同造型从正面、背面、两个侧面进行拍摄记录，为下一步的“廓型剪影图结构再创造”练习做好图片资源的准备（图9-1~图9-11）。

练习八：小人台廓型塑造练习

◎ 练习要求：以圆形、正方形、长方形这三个几何形状作为研究的基础元素，用白坯打板布制作后，按照上文的要求，用大头针固定的方式在小人台上进行廓型塑造。同时，对正面、背面、两个侧面进行拍摄记录。

◎ 作业数量：多个廓型方案，每个方案含正面、背面和两个侧面。

◎ 练习时间：8课时。

◎ 补充说明：一般来说，我们选用1/3小人台，使用大头针固定的方式进行简易操作，重在通过各种角度的尝试取得不同的服装廓型。

学生的学习心得

◎小人台廓型的练习，用单块的白坯布，再将布裁一刀得到两块布料进行创作。形状、层次、节奏，要考虑的东西很多，但也意味着可能性之多。在不断尝试廓型的创作过程中，一条意外出现的褶皱都有可能带来启发和灵感。正反两面再加上左右两面一共四面四个形，这代表着可以进行不同平面上的创作，同时这个练习也让我变得更为细心，能够注意到各个细节。

图9-1

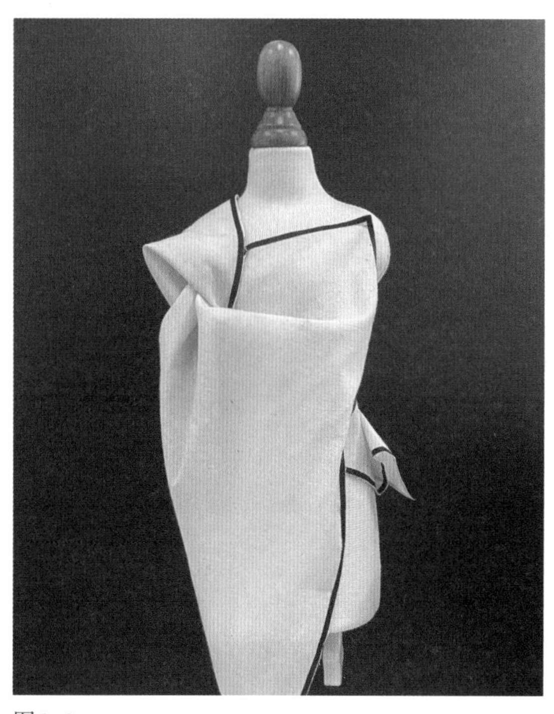

图9-2

图9-3

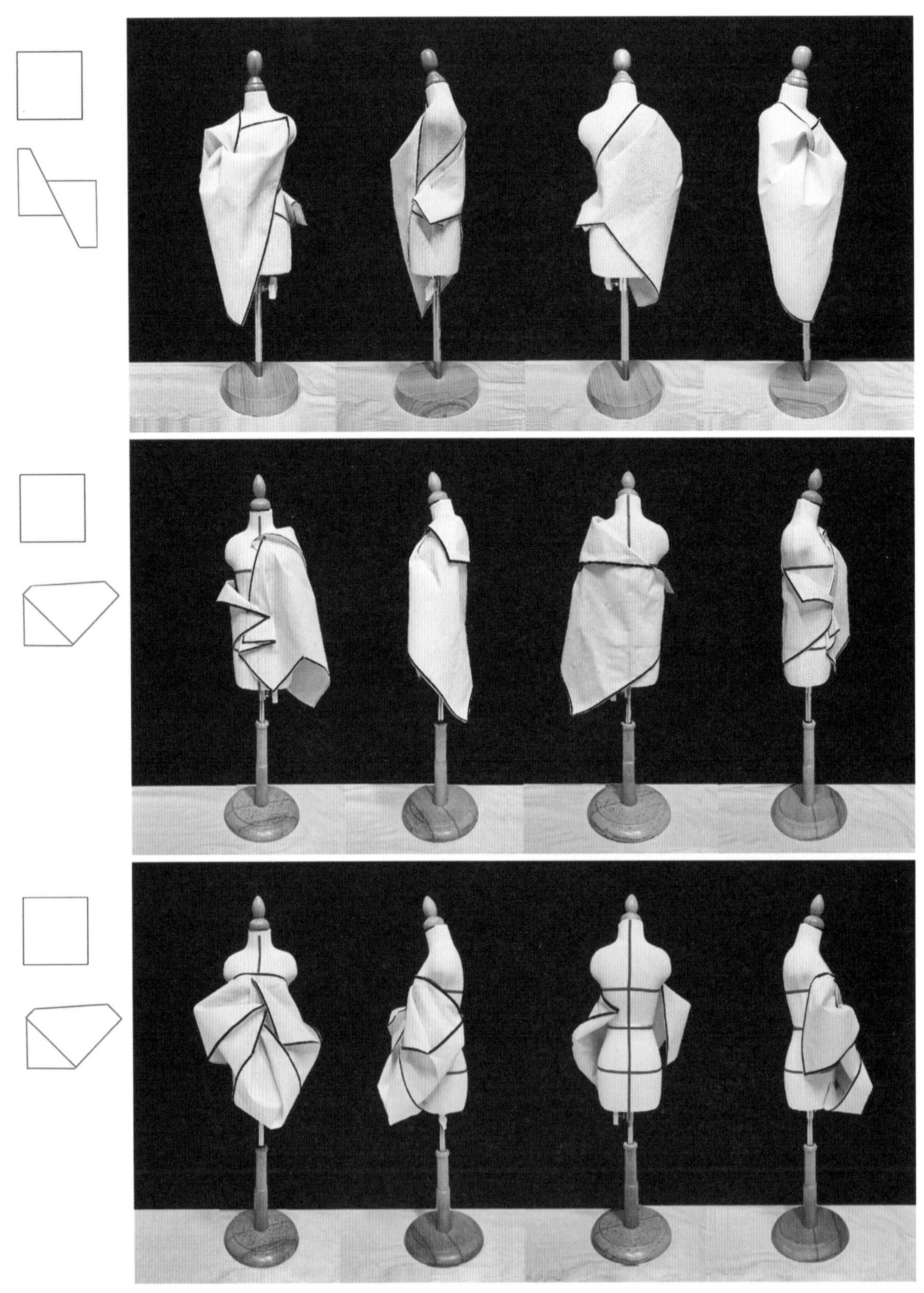

图9-4

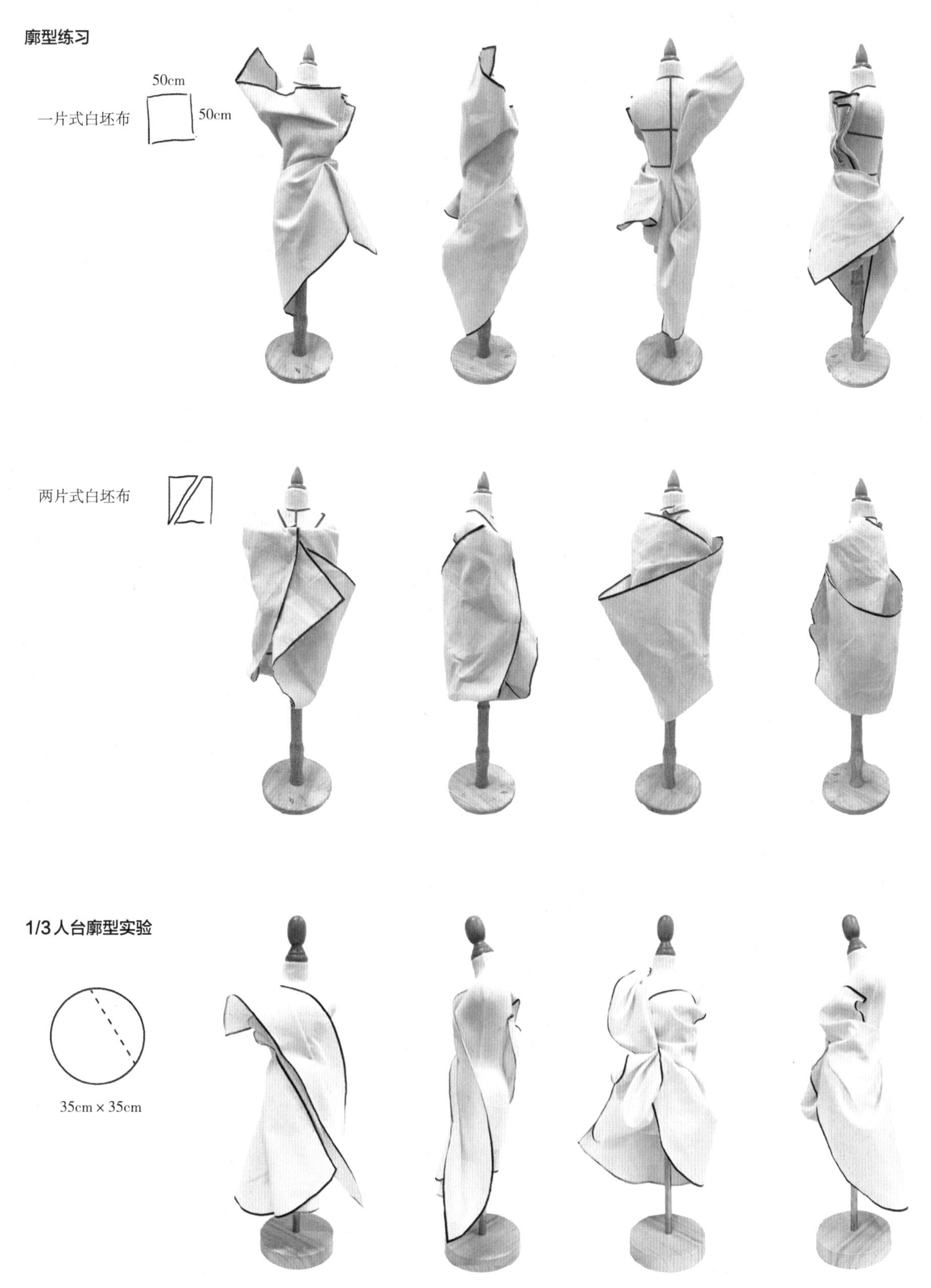

图9-5

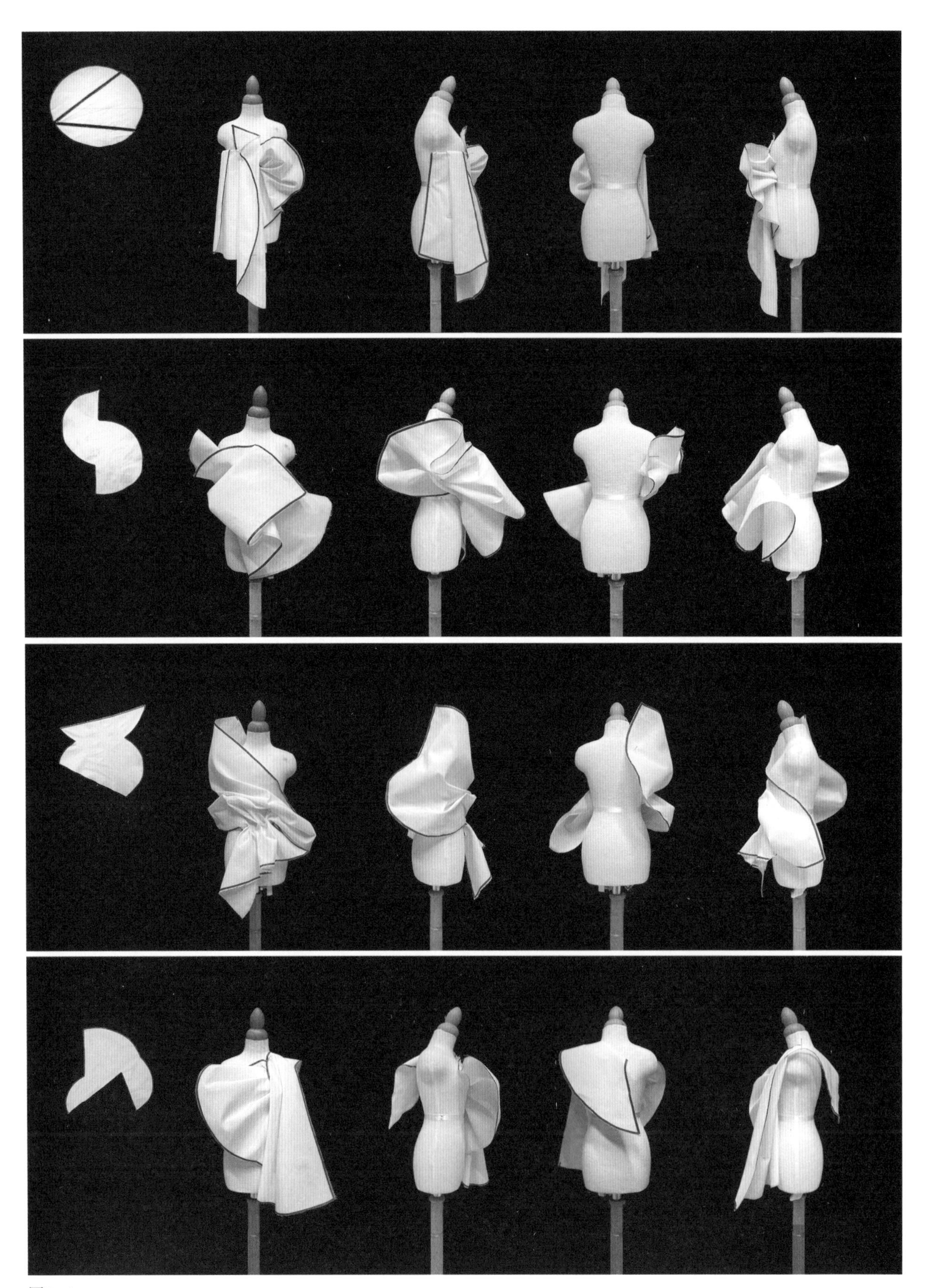

图9-6

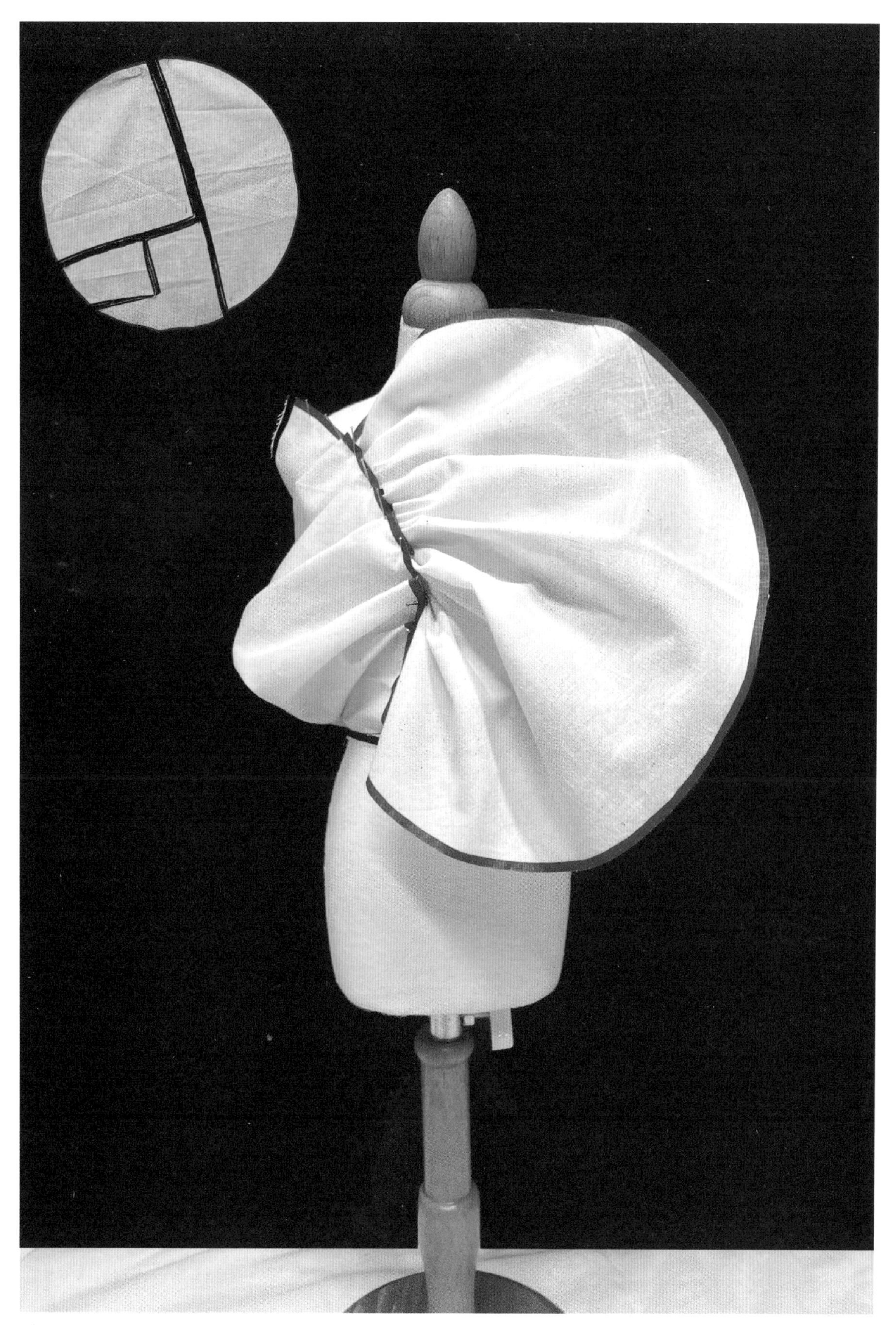

图9-7

服装设计基础

1/3人台 廓型实验

图9-8

服装设计基础

1/3人台 廓型实验

图9-9

服装设计基础

1/3人台 廓型实验

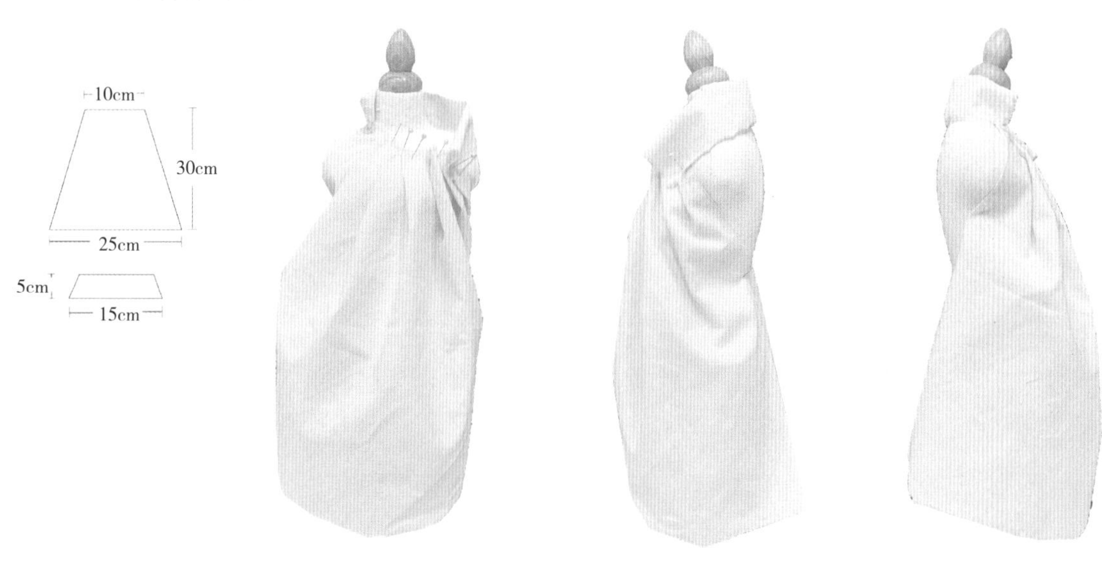

图9-10

服装设计基础

1/3人台 廓型实验

图9-11

第十讲 廓型剪影图结构再创造

在完成小人台上的廓型塑造之后，最后一个作业是根据剪影形来进行服装再创造。所谓的“剪影形”，即以“非黑即白”的方式呈现的廓型外形。我们将从上一个练习中拍摄记录的各个不同廓型，不同的正、反、侧面角度中筛选出有意思的造型，将其转换、提炼成各个不同形态的黑色剪影形。当提炼整理出有意思的剪影形之后，鼓励大家根据想象力在黑色廓型的内部，用白色线条创造服装的结构，使其成为新的服装造型。这时，不同的剪影形在不同设计师的想象之中，由于被赋予的服装内部结构的不同，可以生成无数新的服装款式造型（图10-1~图10-3）。

练习九：廓型剪影图结构再创造练习

◎ 练习要求：从上一个练习中记录的正、反、侧面角度中的不同廓型中筛选出有意思的廓型形态，以“非黑即白”的方式将其转换、提炼成不同形态的黑色剪影形，借此来进一步理解服装的廓型概念。在这个剪影形上，用白色线条创造服装的结构，使其成为新的服装款式造型。

◎ 作业数量：多个廓型方案。

◎ 练习时间：8课时。

学生的学习心得

◎小人台的最后一个作业是根据剪影形来进行服装再造，不同的剪影形在不同的设计师眼里是一件件不同的衣服，再造的能力是一种把抽象的事物实体化的能力，是我们需要不断提升的技能。

◎在小人台上进行的服装廓型的创作，我很喜欢这一环节，也不知道为什么会觉得这一环节很有意思。从不同的角度去提取剪影形，再进行改造。黑色是最富有想象力的颜色，在黑色的剪影形下，抛去了已经成型的小人台的思维限制，对其造型不断变化修改，都是很有意思的事。只是几个简单的几何形体分割了衣服的几个大块面，并且表达清楚穿插前后顺序，简简单单就好。我在画的时候一直提醒自己，不要复杂，多去感受，多去想象。

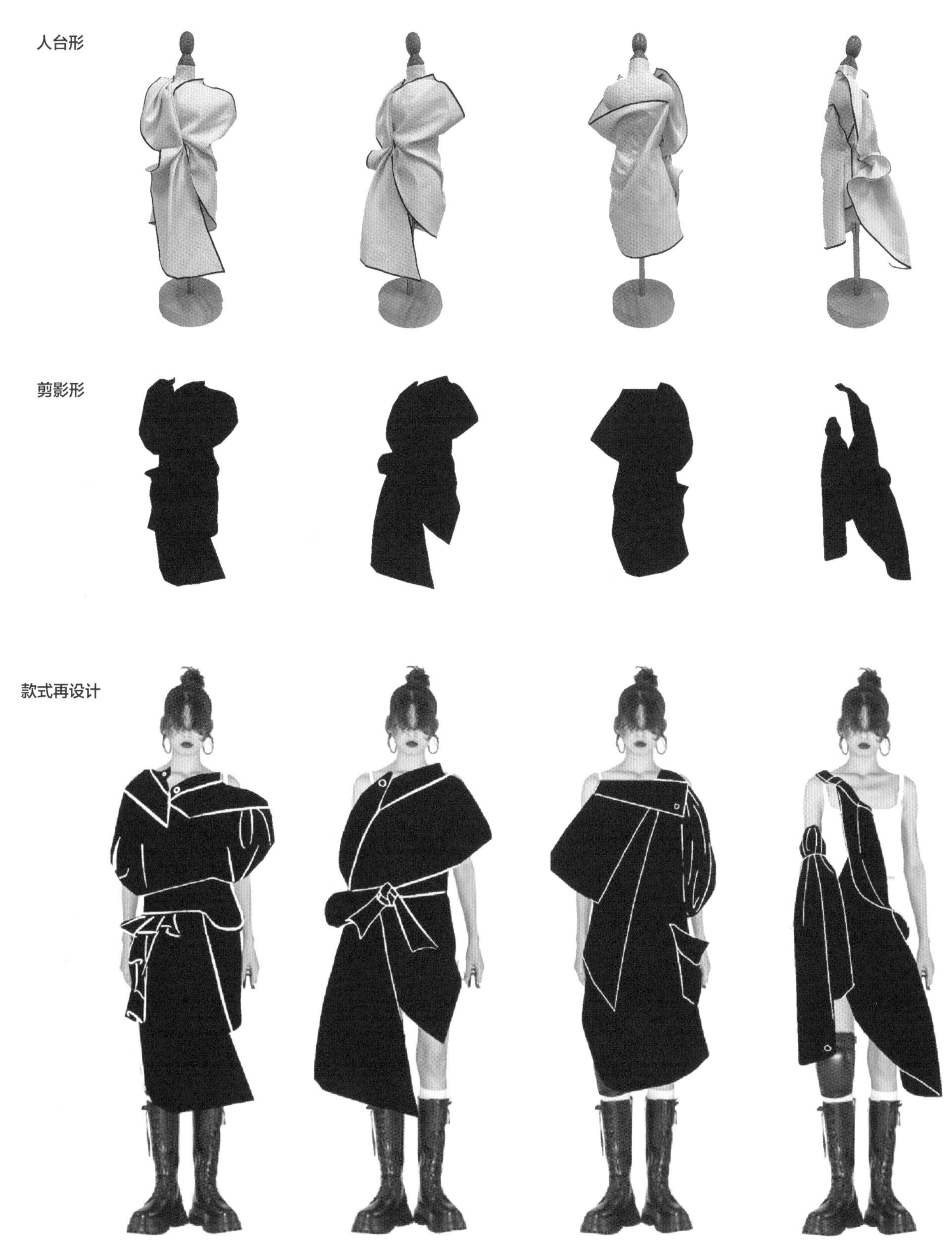

图10-1

1/3人台 廓型实验

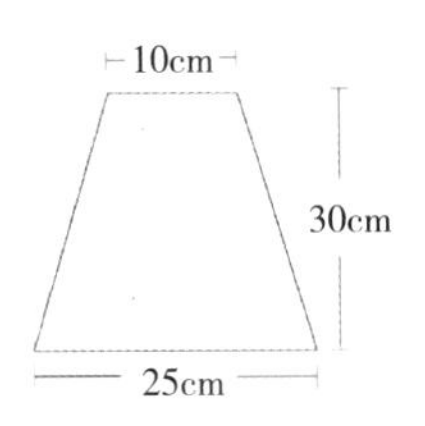

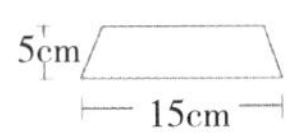

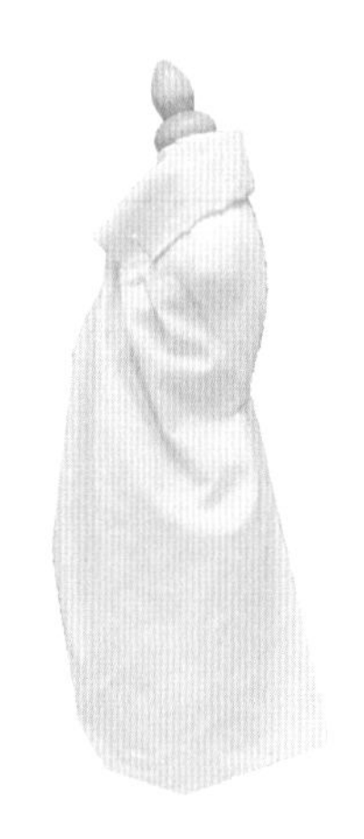

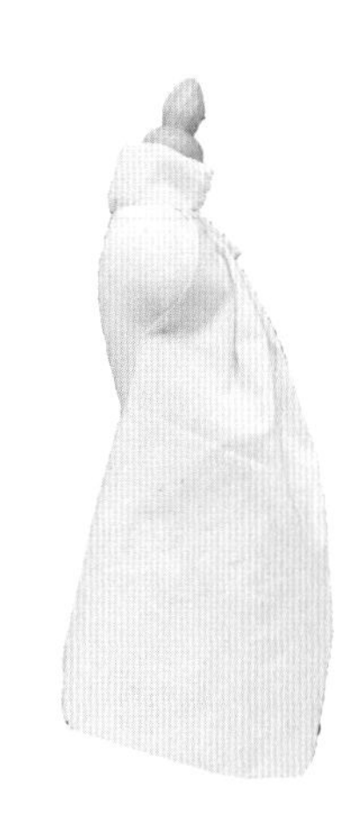

1/3人台 色块填充

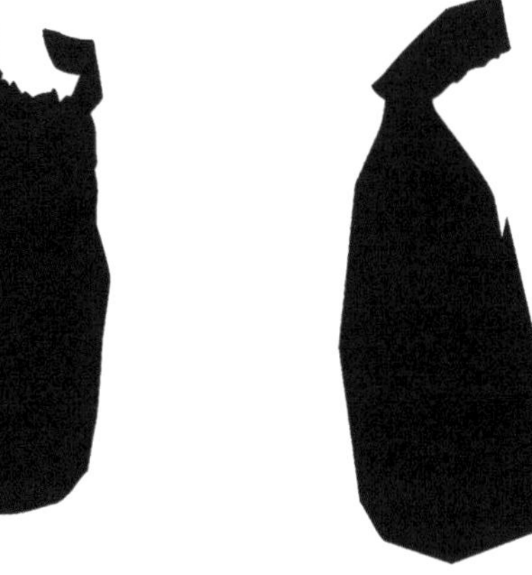

1/3人台 款式再设计

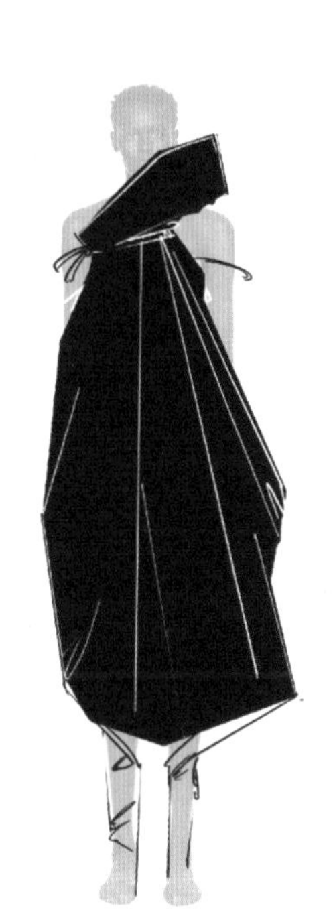

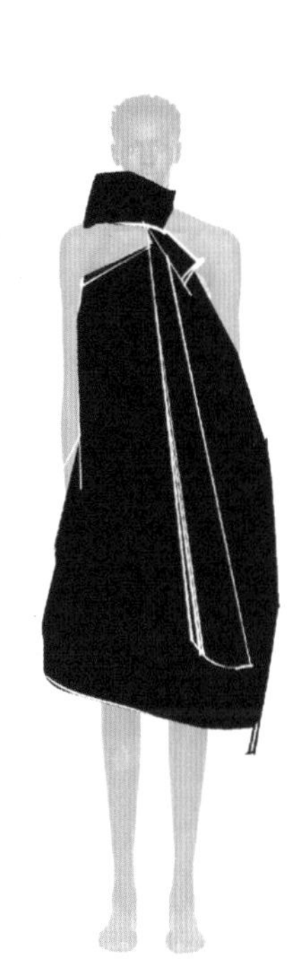

图10-2

1/3人台 廓型实验

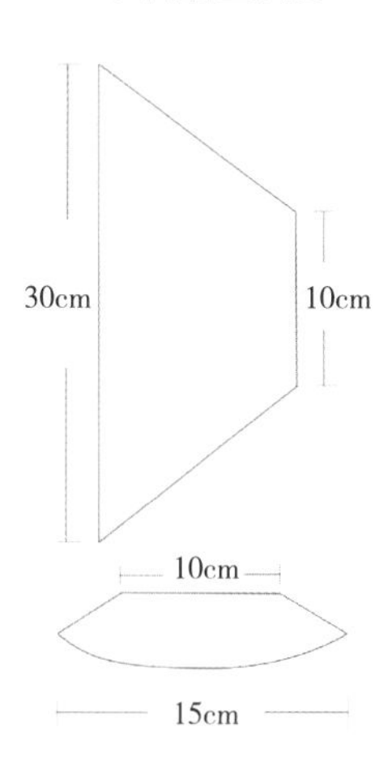

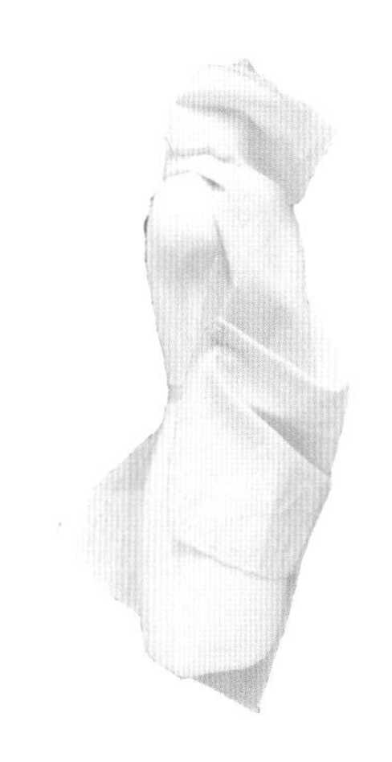

1/3人台 色块填充

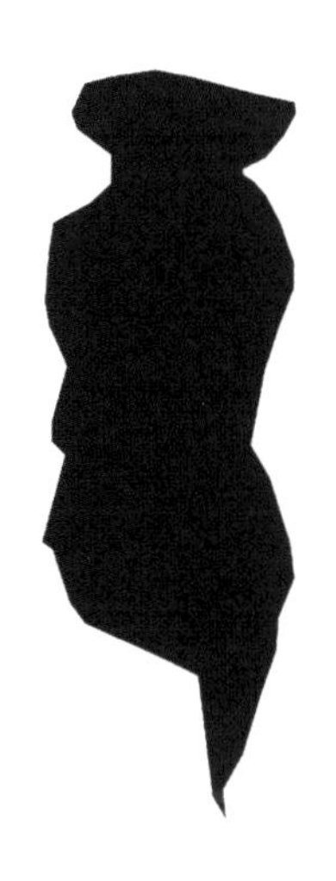

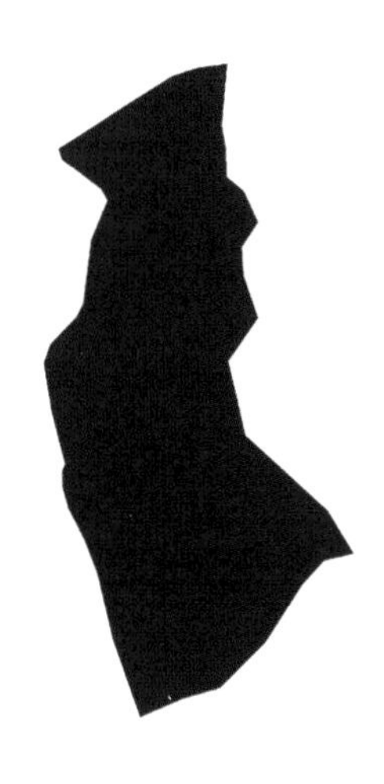

1/3人台 款式再设计

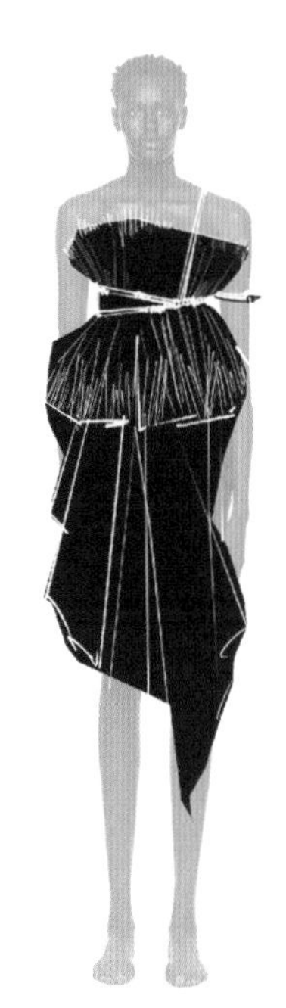

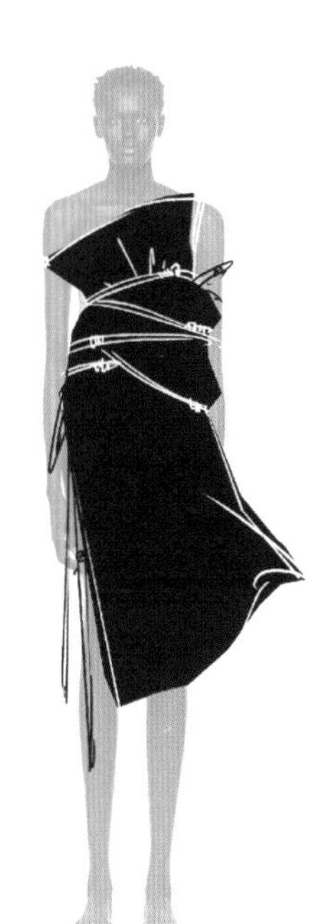

图10-3

第五章 服装设计实战体验

进入最后一周的课程，我们的任务是进行一次服装设计的实战体验。这个练习是建立在之前做过的两个练习基础之上的。首先，涉及服装的廓型，要求学生从在小人台练习的众多可能性中选择出一个方案，先用无纺布在大人台上进行1：1比例的放大。其次，涉及服装的面料，将从面料再创造练习中选择出适合用于下一步设计的面料，进行一个大幅面尺寸的材料准备工作。

第十一讲 小人台成果放大

从小人台成果往大人台上进行1：1比例的放大未必是一个简单容易的操作过程，前期小人台廓型的研究为我们奠定了服装设计的基本形态基础，但当我们将其按照1：1比例放大的时候就会面临方方面面的问题，尤其是尺度与比例等问题，需要我们在实际操作的过程中不断地调整。也正因为有这些需要克服的困难，我们的课程便成为能够有所收益的实战体验。

在具体的操作上，可以使用白色无纺布先完成服装板型的放大工作，进而直接在1：1的人台上用大头针将板样衔接，经过修改推敲之后缝制固定。假如存在课时的问题，可以仅仅采用大头针固定的方法。作为一次服装设计基础课程，我们的真正目的并不是实打实地完成一件服装产品的设计，更多的是基于服装设计方法的学习，在服装设计实施的层面上获得更多的体验（图11-1~图11-3）。

练习十：小人台成果放大

◎ 练习要求：从前期“小人台”廓型练习的不同方案中选择出一个最佳方案，用无纺布在1：1的大人台上放大。

◎ 作业数量：1件。

◎ 练习时间：4课时。

学生的学习心得

◎最后一周主要进行的是廓型练习和面料放大。两者都有一个由小到大的过程。我发现放大虽然看似只是由小复制到大，但是过程并不容易。首先，要准确地放大原来的布片，放大后也更能反映廓型的整体效果。其次，面料的放大十分需要耐心，需要花费大量的时间，但是投入过程当中的时候实际上是很享受的。

◎最后的放大小人台，我发现即使使用的都是等比例放大的布料，依旧无法完全复刻在小人台上，即使是一样的步骤，所呈现出来的效果也可能不同，所以就需要放远处观察，在四个角度的形态再做调整。观察、思考、调整，这三个步骤必不可少，且要一直重复。放远处看，把握整体的关系是最重要的。

廓型实验
50cm × 70cm

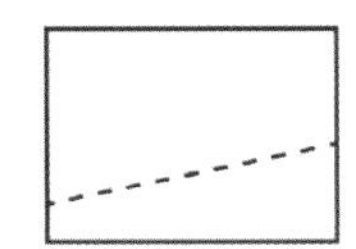

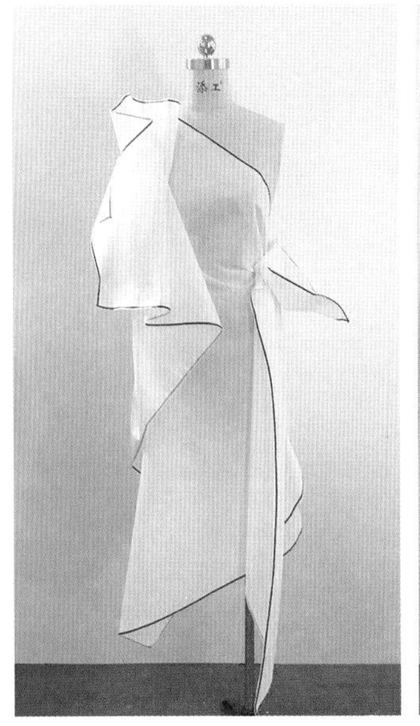

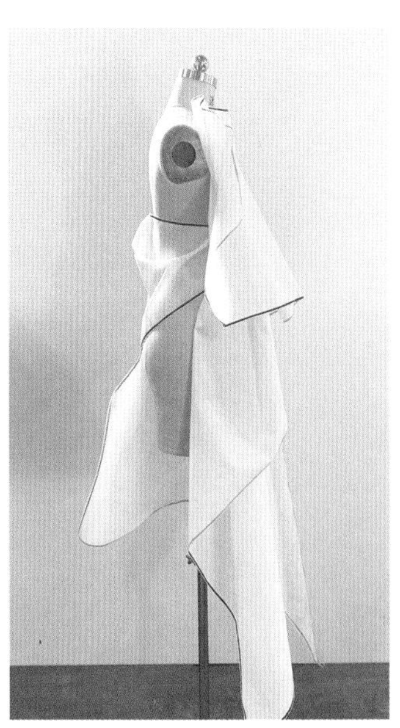

图11-1

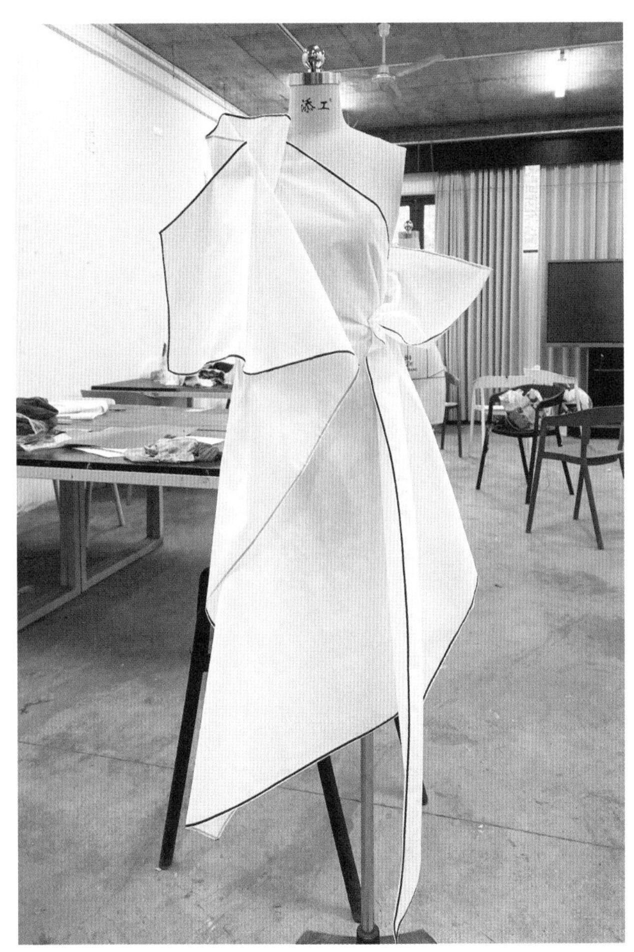

图11-2

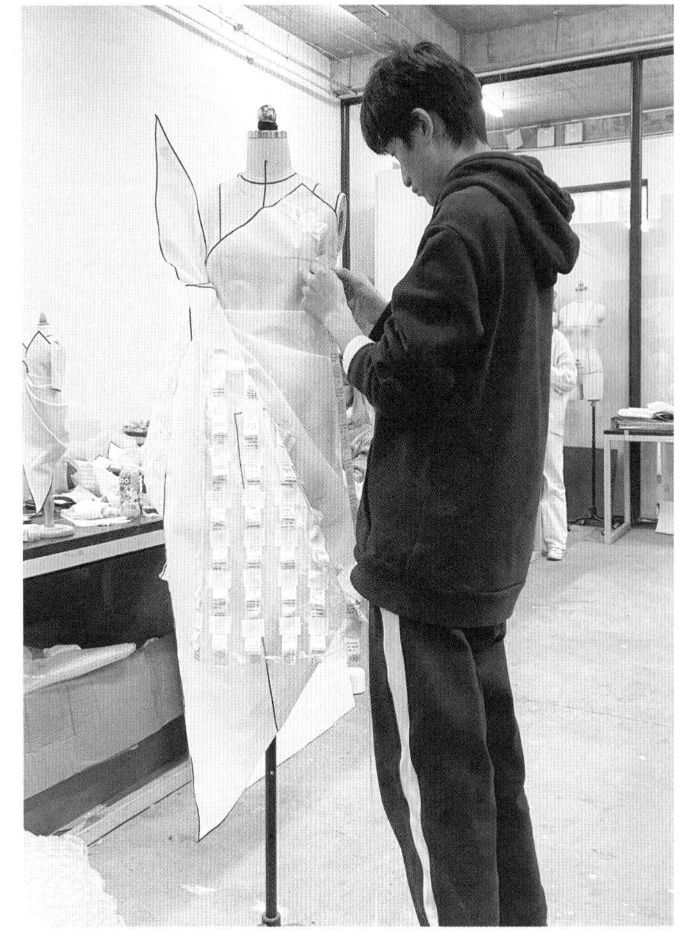

图11-3

第十二讲 面料再创造成果放大

在已经完成了服装板型1：1的放大工作之后，接下来便是完成服装面料的放大问题，力图从前期面料再创造练习的不同方案中选择出适合用于最终服装设计的面料，并根据实际需要的门面、尺度进行放大处理。这时往往会遇到尺度与比例的难题，需要针对小样的特征认真思考在材料的放大过程中如何做到完成大幅面的材料制作又能够保留原有的材质特征。值得一提的是，合理地使用面料需要根据服装造型的形态进行决策。再创造的面料未必一定是百分之百地覆盖整个服装，可以是全部，也可以是其中的一个部分，同时配以其他材料，这一切都需要在操作过程中灵活、合理地把控（图12-1~图12-18）。

练习十一：面料创新放大

◎ 练习要求：从前期面料再创造练习的不同方案中选择出适合用于最终服装设计的面料，并根据实际需要的门面、尺度进行放大处理。

◎ 作业数量：1件。

◎ 练习时间：4~8课时。

学生的学习心得

◎最后一周主要进行的是廓型练习和面料放大练习，两者都有一个由小到大的过程。我发现放大虽然看似只是由小复制到大，但是过程并不容易。首先，要准确地放大原来的面料小样，放大后需要考虑在廓型上的整体效果。面料的放大过程十分需要耐心，需要花费大量的时间，但是投入到过程当中时，实际上是很享受的。

◎将小人台上的廓型放大到大人台上后，我开始将面料增添到衣服上，材料的运用不能过分破坏廓型，但是也不能使成衣过于空洞没有内容。只有面料和廓型相辅相成才能创作出一些有趣的成衣。

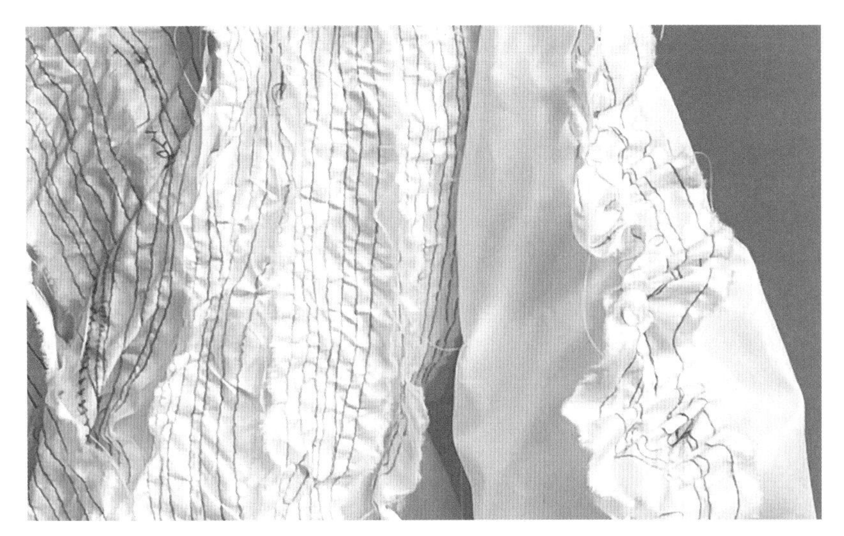

图 12-1

图 12-2

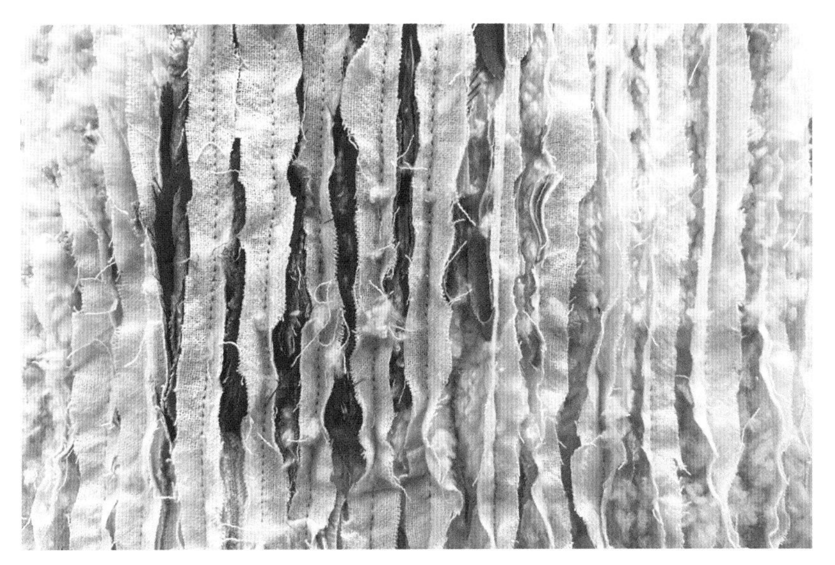

图 12-3

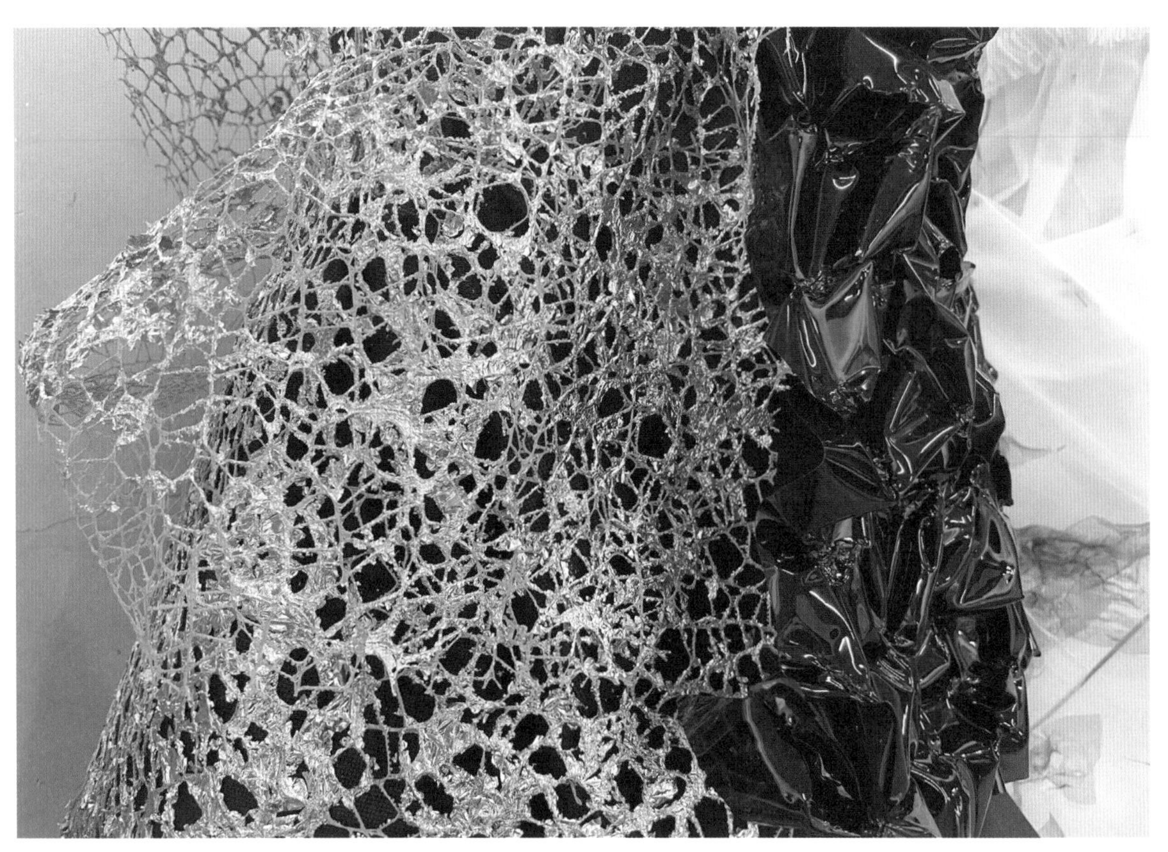

图12-4

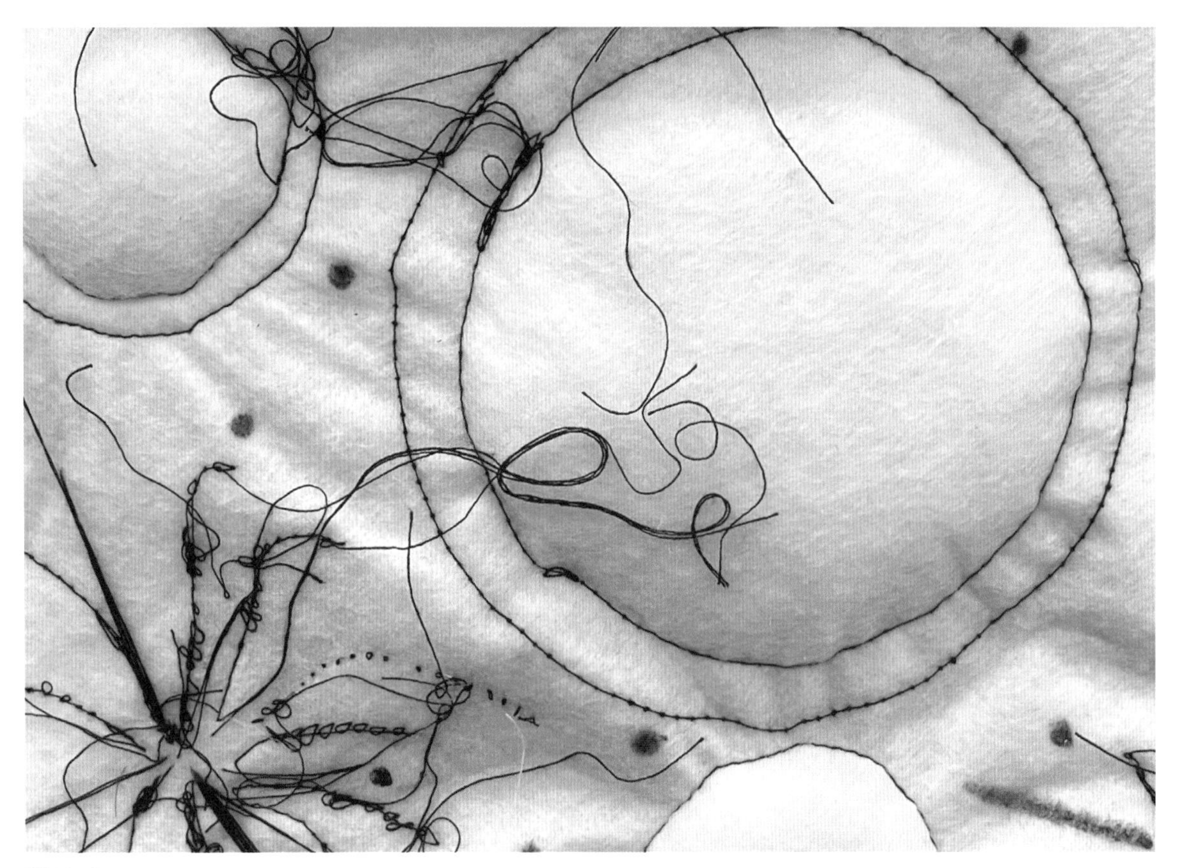

图12-5

图12-6

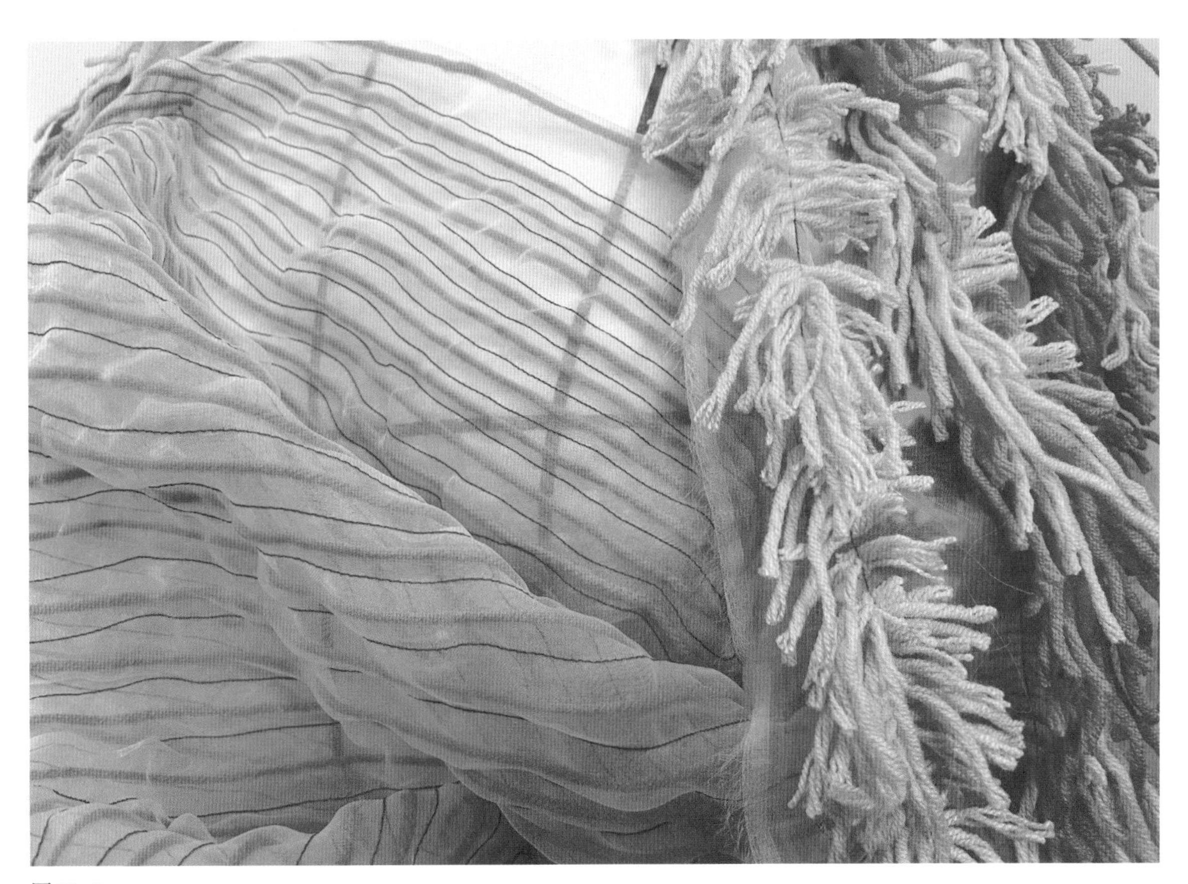

图12-7

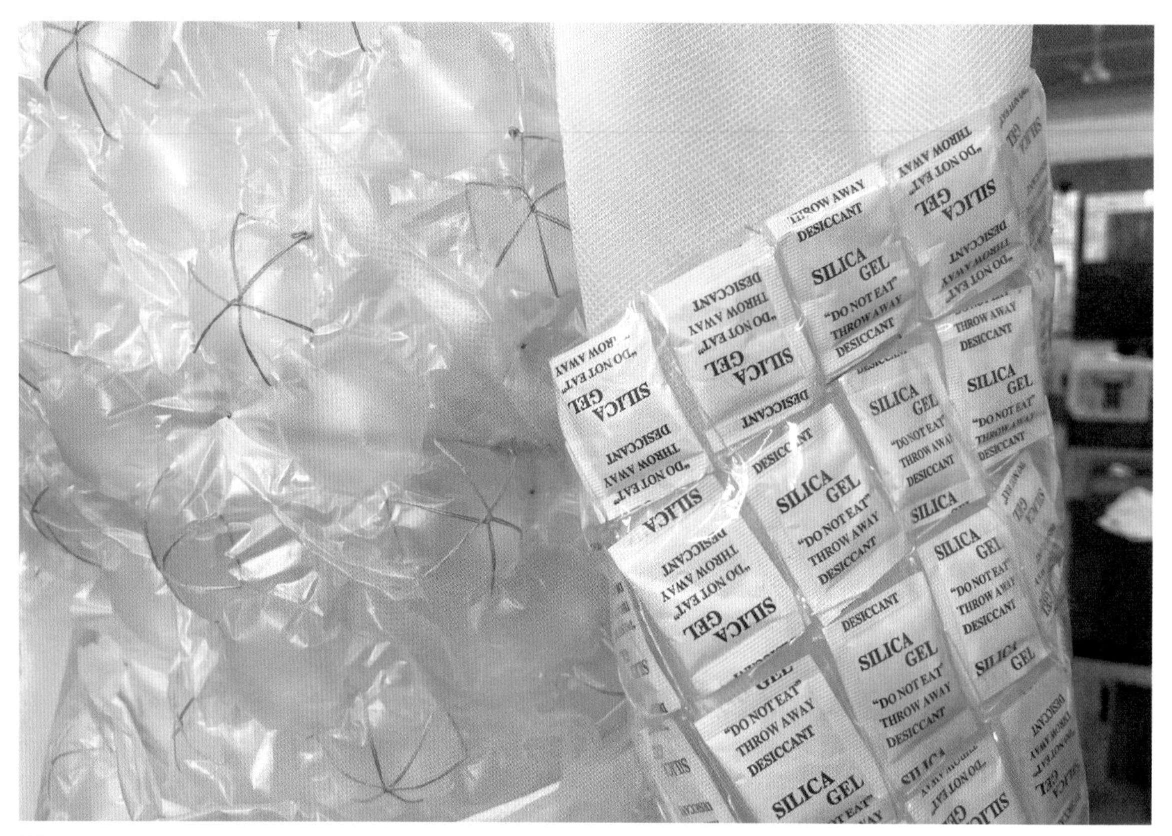

图12-8

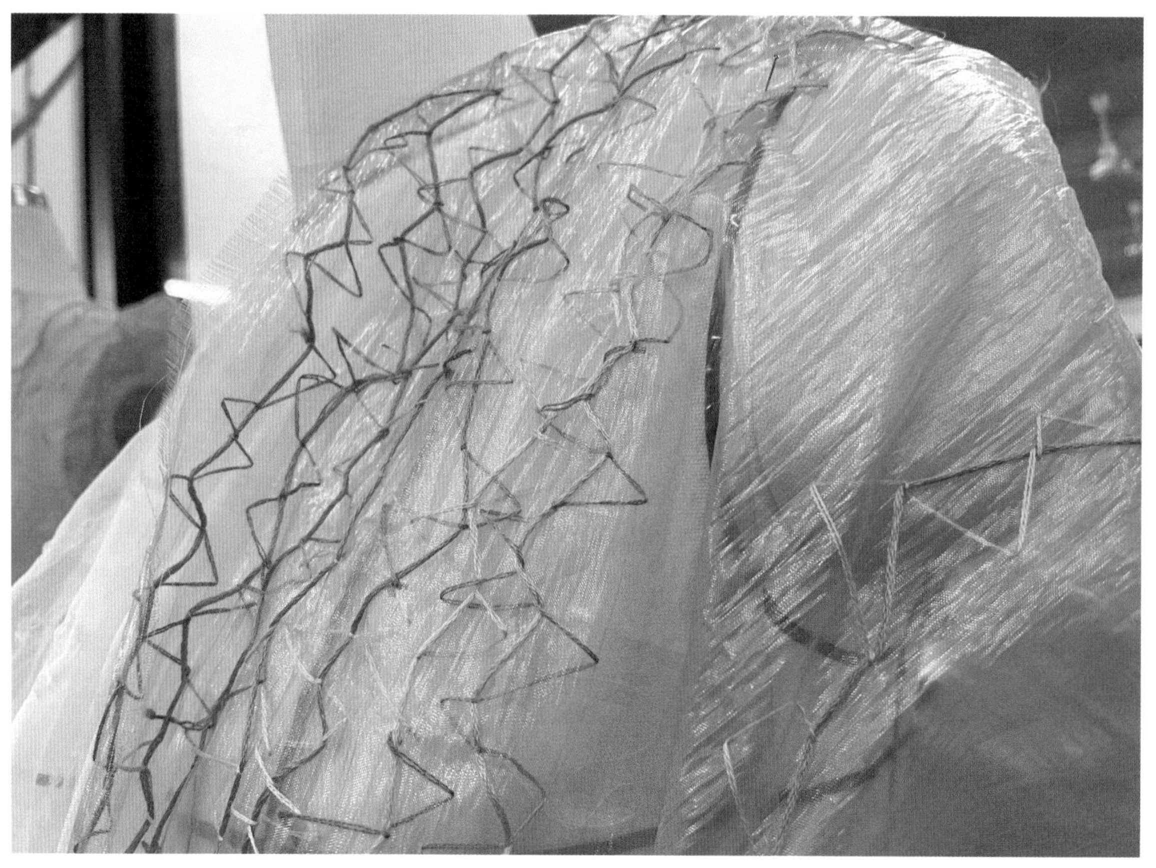

图12-9

图12-10

图12-11

图12-12

图12-13

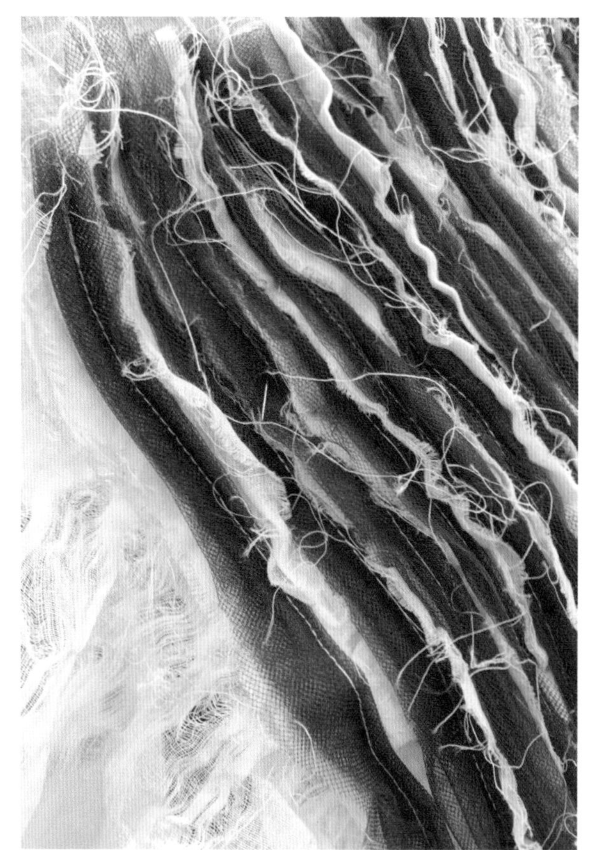

图12-14

图12-15

图12-16

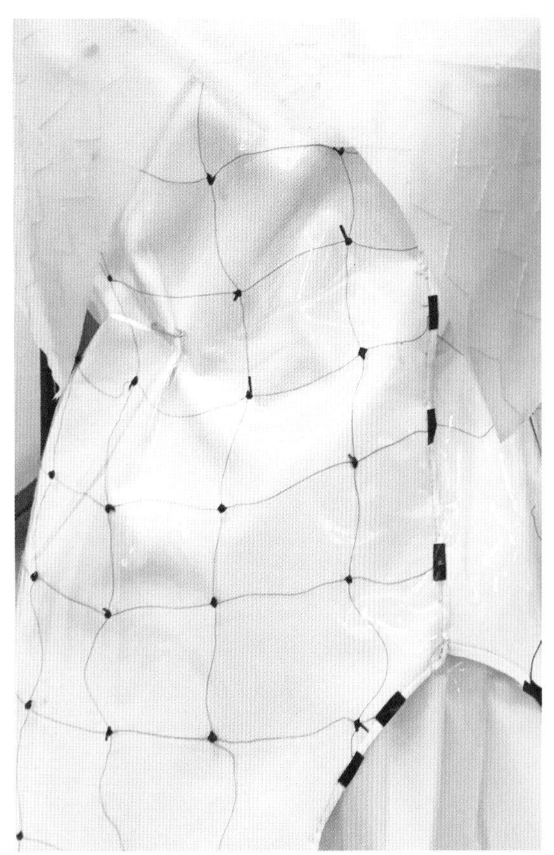
图12-17

图12-18

第十三讲 服装设计体验

当我们完成了服装形态的板型与服装使用的面料两个方面的准备工作之后，便可以进入最后的元素合成组装阶段，完成一次真实的服装设计实战体验。当然，在整个操作过程中，还会不可避免地遇到诸多技术上的问题与难点需要师生一起去解决。但是就整体的教学理念与要求而言，作为一次服装设计基础课程的体验，我们需要更加注重的是服装的整体造型关系，而对于一些细节的要求，尤其是技术性的问题不必过于纠结，这些问题可以在之后的课程中得以一步步地解决与完善（图13-1~图13-21）。

练习十二：服装设计实战体验

◎ 练习要求：从小人台廓型练习中选择一个方案，用无纺布在1∶1的人台上放大。确定最终板式后，使用在面料再创造练习过程中根据设计方案进行大尺寸制作的面料完成一件“服装”的实际制作。

◎ 作业数量：1件。

◎ 练习时间：8课时。

学生的学习心得

◎这是我第一次做出等身人台的大衣服，从面料到造型，我第一次全面地跟进了一件衣服的“出现”，虽然过程比较坎坷，还有很多地方是郑老师帮忙修改和指点的，但每每看到都有种莫名的自豪感。

◎最后是大人台的服装制作，说实话，我真的没有想到自己能够完成！在刚听到要在大人台上做一件衣服的时候，我简直不敢相信。我当时觉得这是一件极具挑战性的事情。但是在前面的准备工作都做完，一步步走来之后，我觉得自己应该能够胜任。但在制作的过程中，我发现想要表现得太多，总是想要把老师通过的东西全都展现在最后的衣服上，但结果是事倍功半的。我明白了，有时候需要学会舍弃，不是所有的好的东西都要一并展现出来。这不仅是在服装设计领域，在其他方面也是如此。

图13-1

图13-2

图13-3

图13-4

图13-5

图13-6

图13-7

图13-8

图13-9

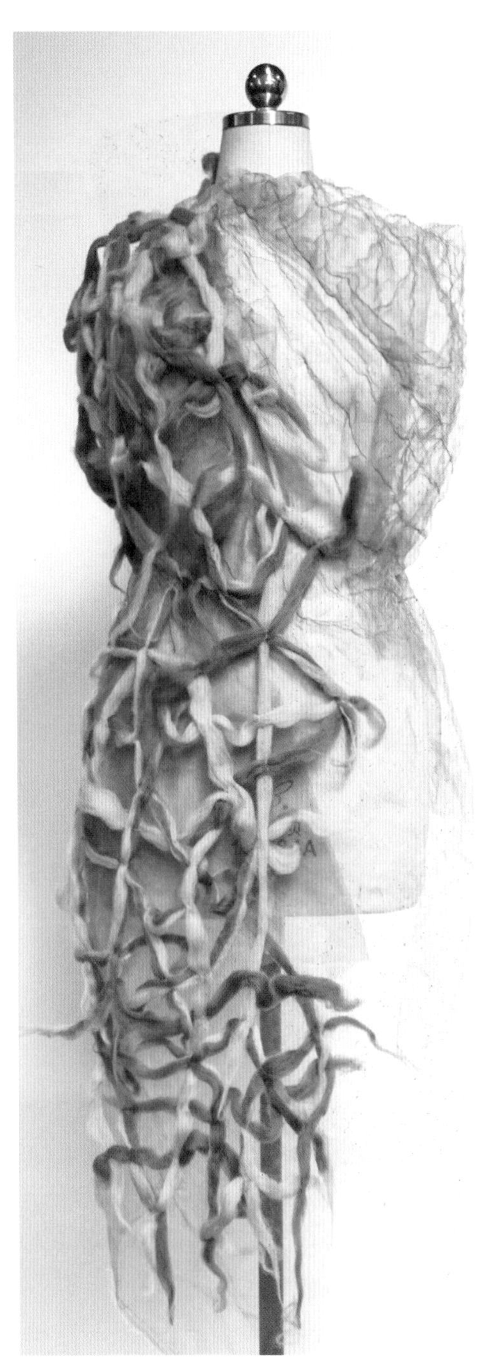

图13-10

图13-11

图13-12

图13-13

图13-14

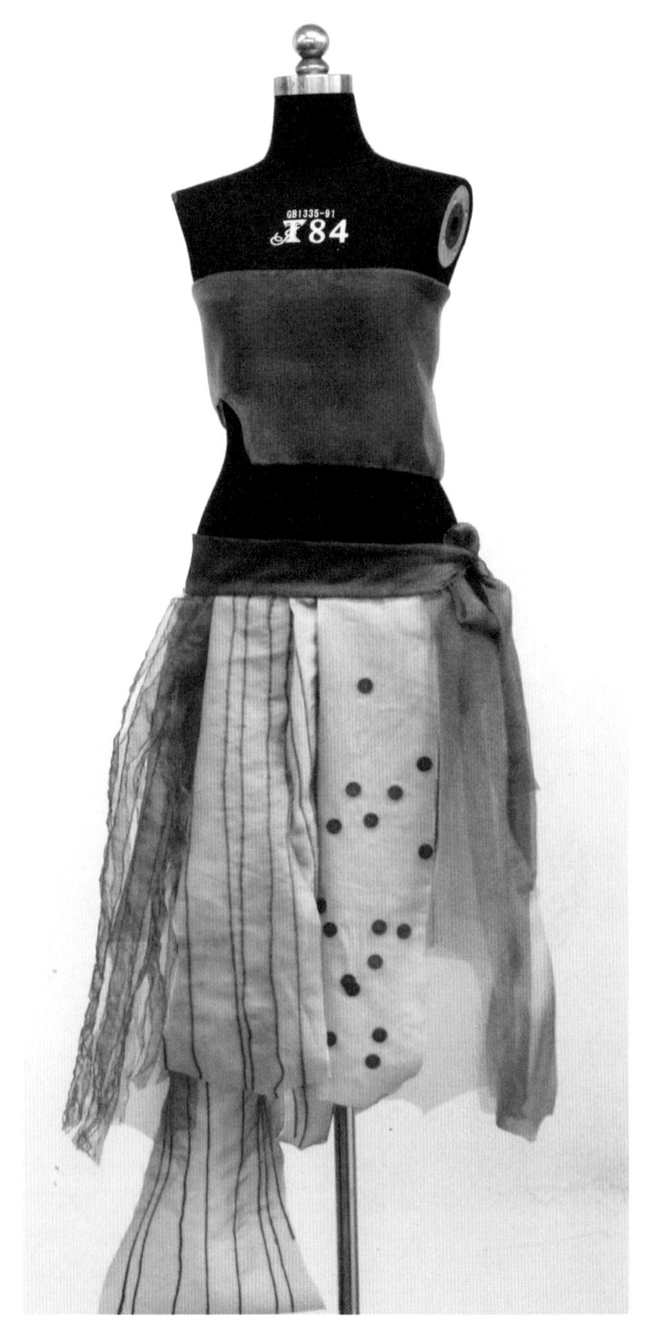

图13-15

图13-16

图13-17

图13-18

图13-19

图13-20

图13-21

第十四讲 结课总结与展示

每次课程，当我们结束了所有的练习之后，最终的课程总结以及成果展示是至关重要的，也是教学中一个必要的环节。

首先，可以促使学生们把上课以来的学习成果进行一次综合的整理，并在课堂上认真地布置展示，与同学老师们分享；其次，在总结环节，每个学生进行自我成果的介绍并交流学习感受，老师进行点评。通过这样的结课总结与展示，希望培养学生们认真对待自己学习成果的习惯，当各自的作品综合在一起呈现时，能够帮助学生们更好地树立起尊重自己学习成果的观念，也能够从中审视自己的学习过程，获得更多的成就感（图14-1~图14-27）。

图14-1

图14-2

图14-3

图14-4

图14-5

图 14-6

图 14-7

图14-8

图14-9

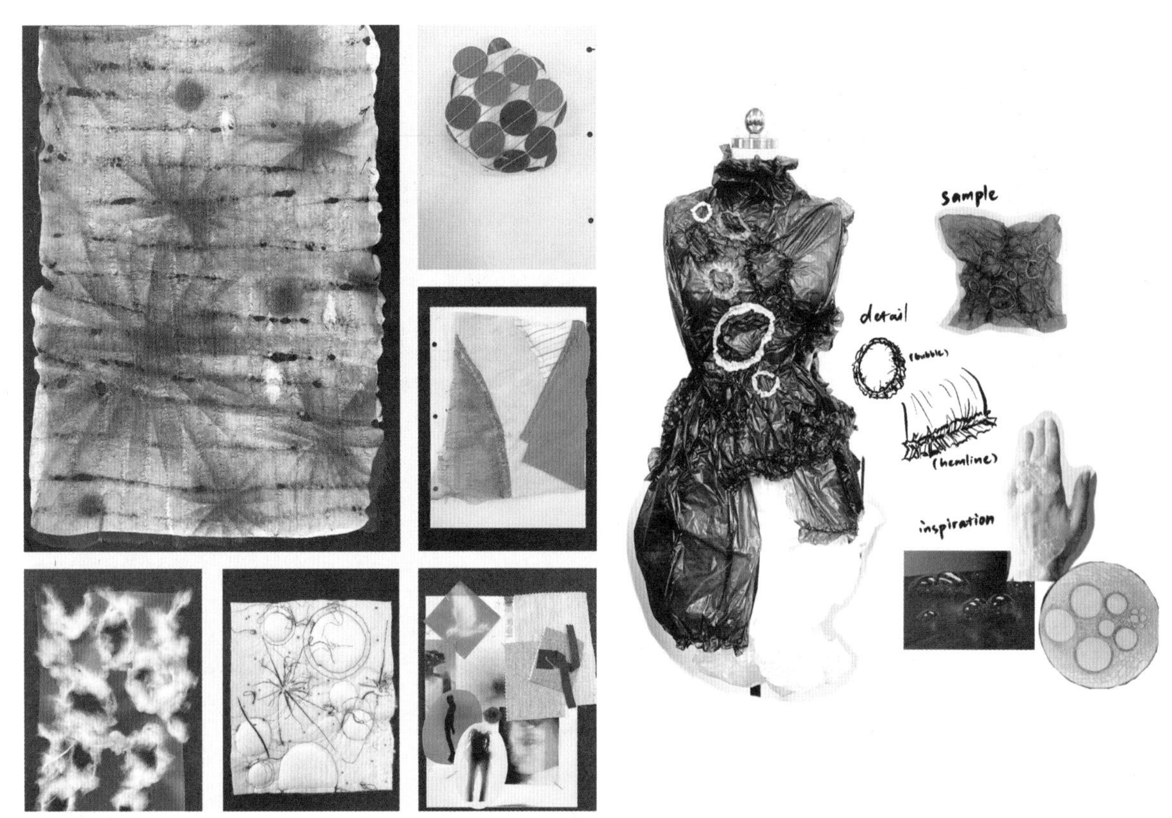

图14-10

图14-11

图14-12

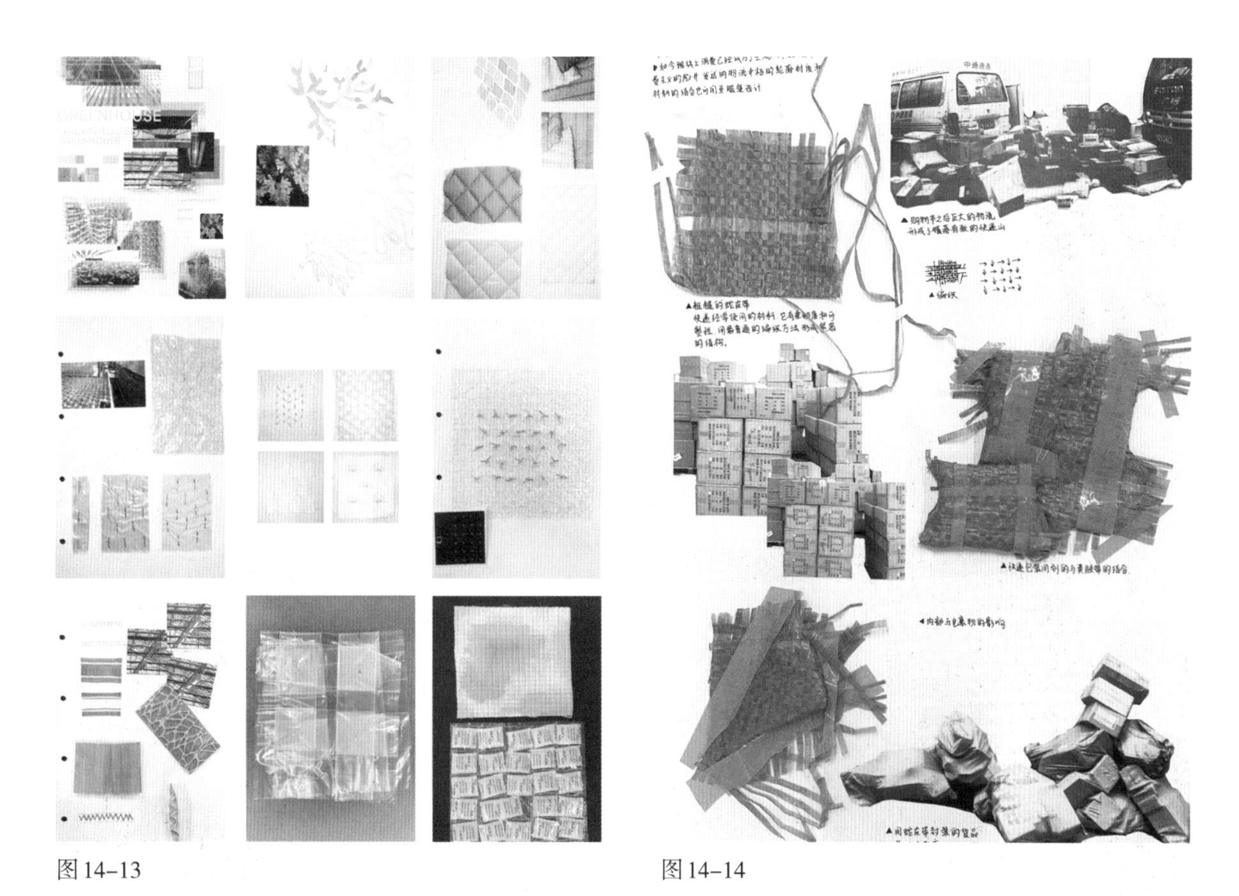

图14-13　　　　　　　　　　　　　　图14-14

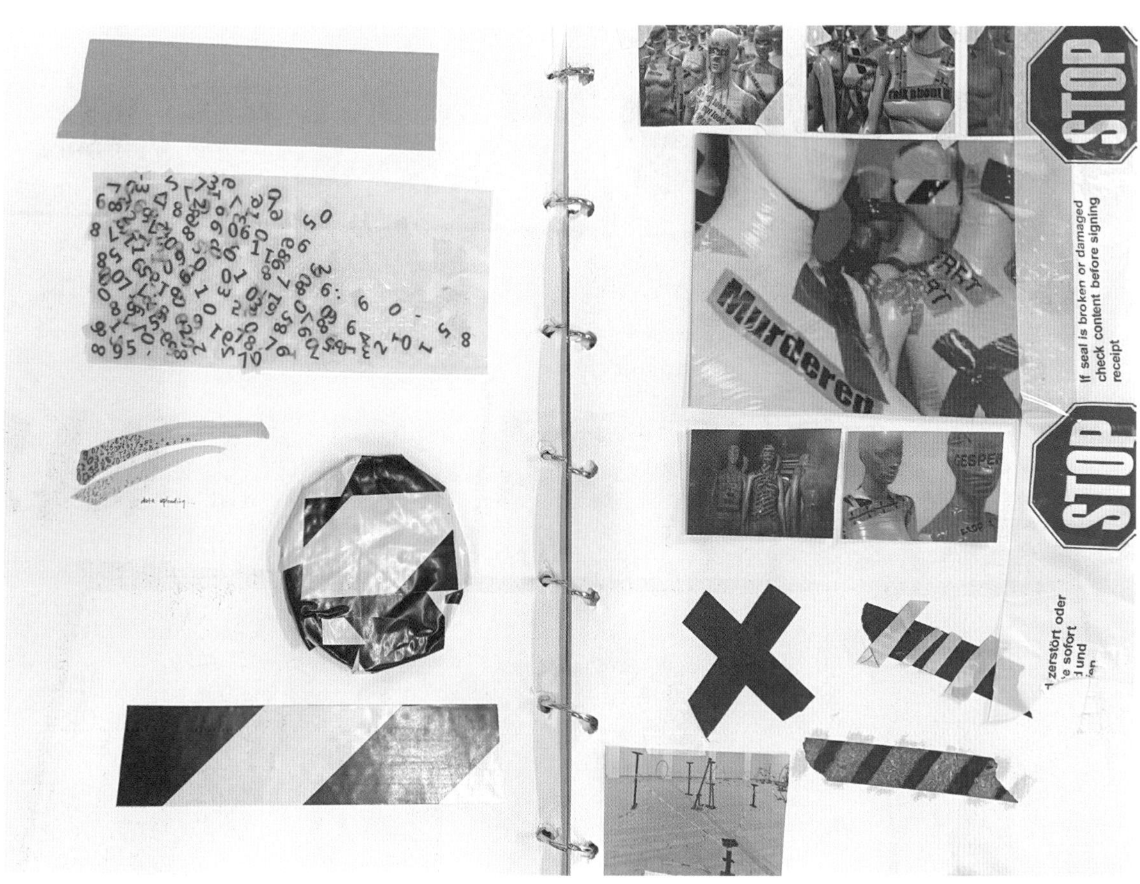

图14-15

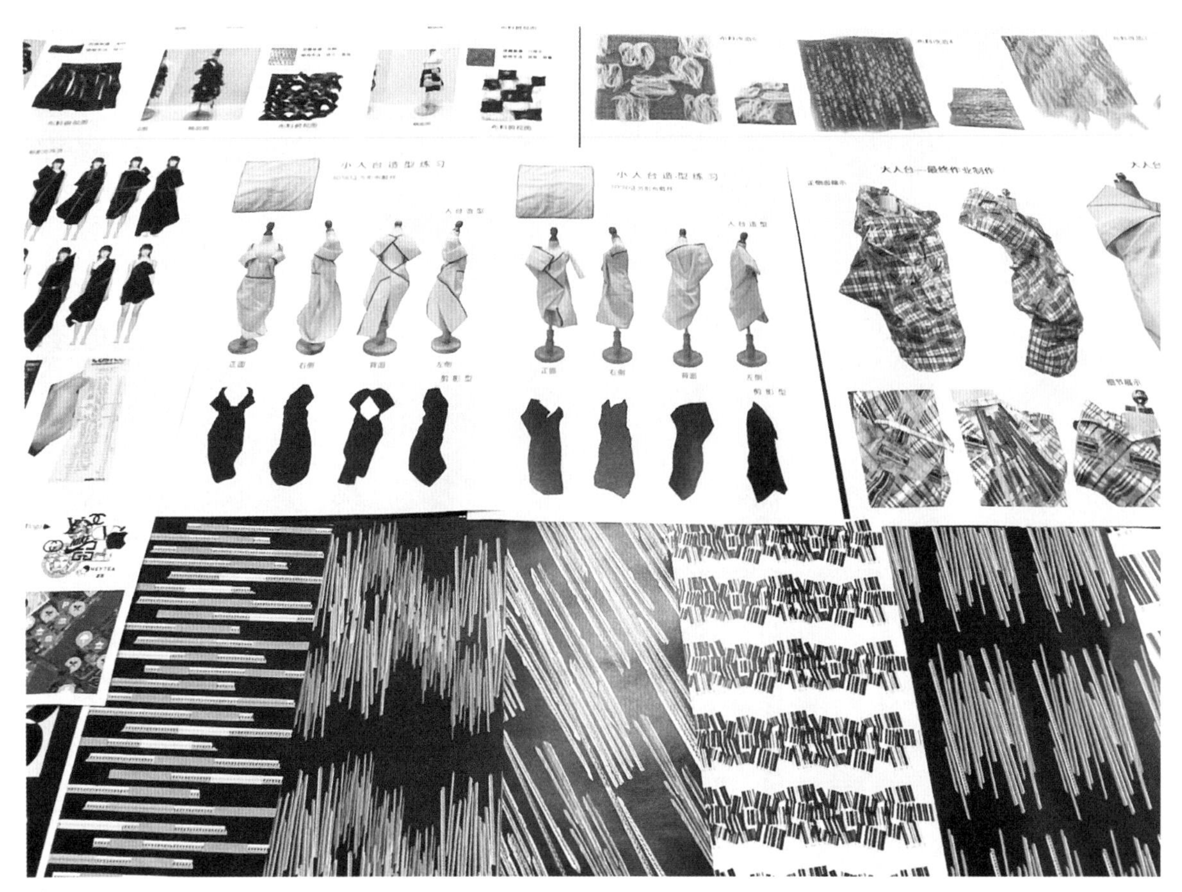
小人台造型练习
小人台造型练习
大人台一最终作业制作

图14-16

INTERWEAVE
LUMINOUS
Abnormal
Jellyfish

图14-17

大人台—最终作业制作
正侧面展示
细节展示

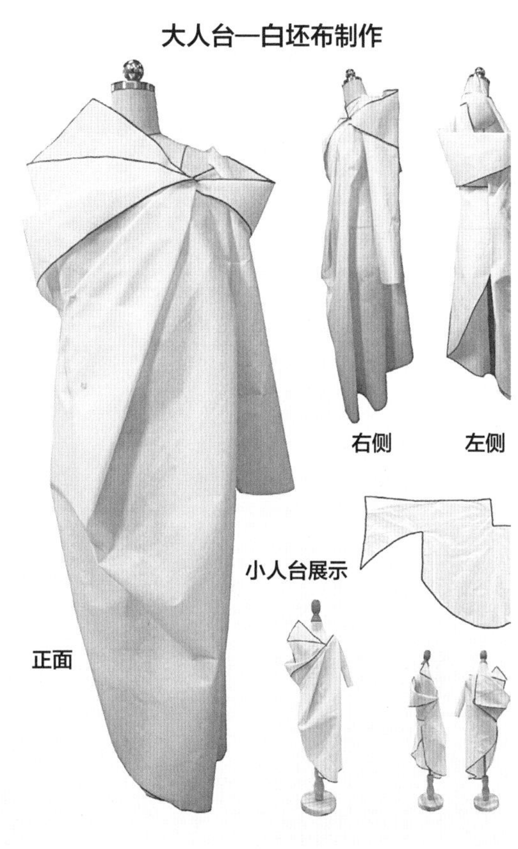
大人台—白坯布制作
右侧
左侧
小人台展示
正面

图14-18

STOP
STOP
STOP
警戒

图14-19

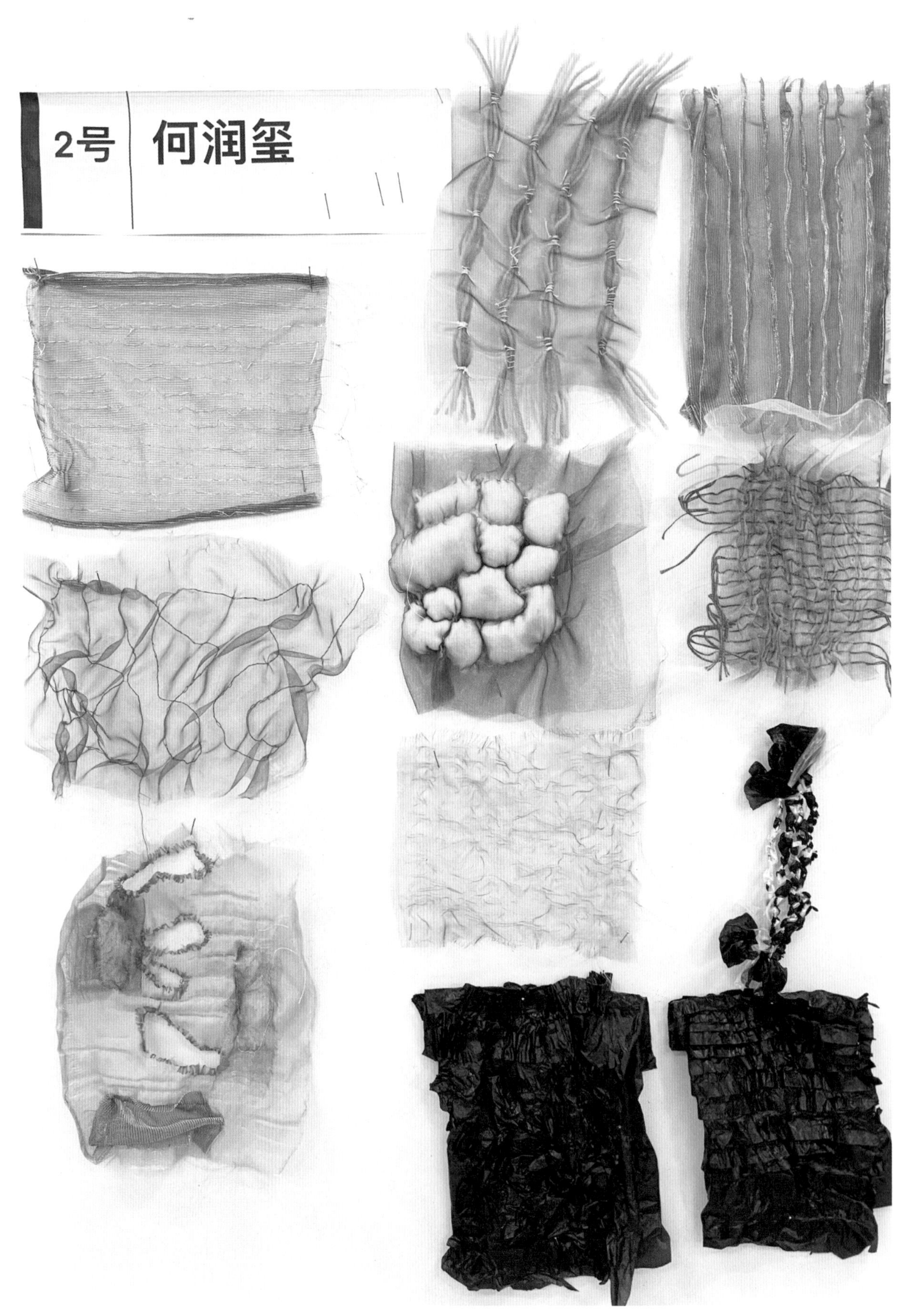

图14-20

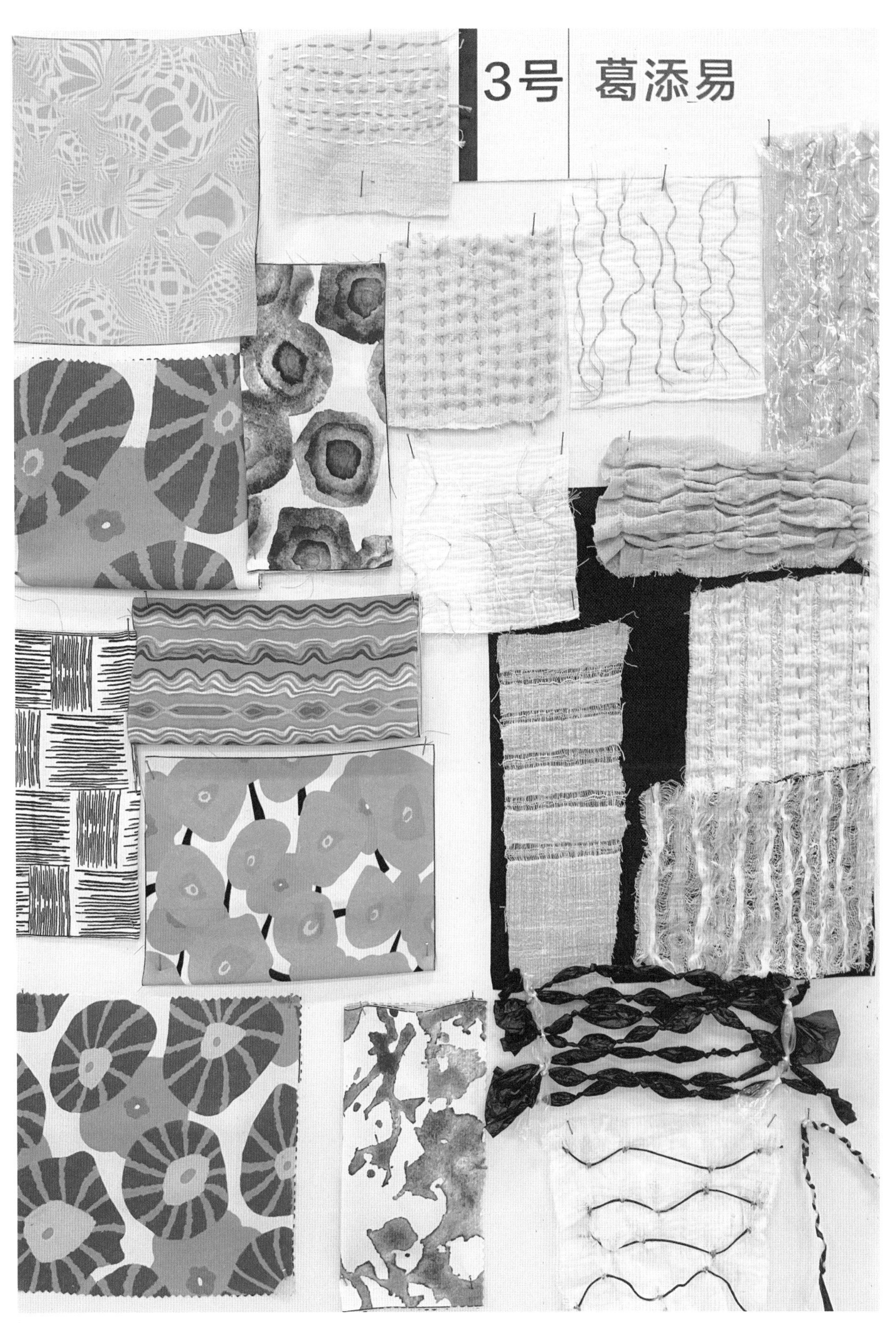

图14–21

图14-22

6号 | 马诗淼

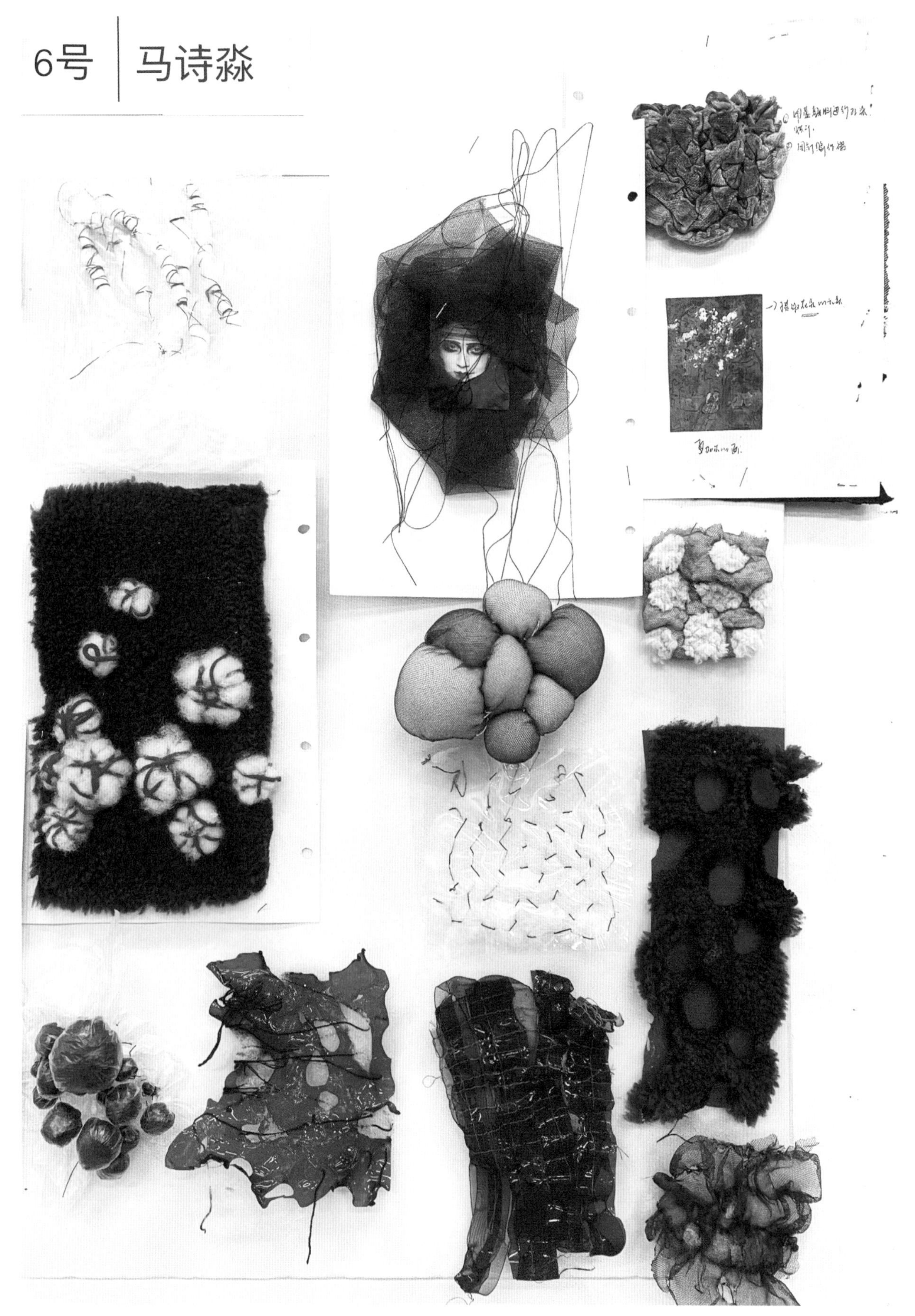

图14-23

图14-24

13 赵泽涵

图14-25

图14-26

图14–27

附　录

从教学的角度来说，每门课程在整体的教学大纲框架下，都有一个明确的教学目标。但为了达到同样的目标，可以有不同的学习与研究路径，可谓是“条条大路通罗马”。尝试寻求不同的研究路径，体验各种教学手段与方法，避免教学上的重复与单调，寻找教学与创作的激情，是我经常思考的问题。因此，对于课程安排的顺序、练习的内容，可以围绕着课程的总体目的，结合不同的班级特点进行变换。

在这里，将以“附录”的形式，为大家介绍一个基于服装廓型认知的“解构与重构”练习。也是一个同样可以放在课程之初，在第一课“服装设计概论”讲解之后展开的练习。

对于服装设计而言，廓型是十分重要的，廓型决定了服装整体的外部视觉形态。人们首先通过服装形态了解服装大的造型特征，进而进入对于服装的结构、面料的材质、肌理与色彩的关注。服装的整体造型是由不同的服装裁片元素、板型经过结构的穿插、组合衔接而成的，是一种符合人体体型的外部构造。因此，我们首先设计了一个以了解服装的基本板型元素、造型结构为目标的实际动手操作的练习。

第十五讲　解构与重构

解构：感知服装元素

这是一个快题练习，解构是练习的第一步，对事先准备好的旧服装，如T恤、衬衣、裤子分别进行解构。其目的是通过将一件服装各个部分的元素、板型进行拆解，以加深学生对服装各个部位的不同板型、结构关系以及服装元素的认知。了解服装上不同的板型元素，感受它们之间的结构以及缝合关系，便是了解服装的第一个步骤。同时，通过解构的过程让学生了解服装缝制的顺序。一般来说，正确的服装被解构的顺序，应该正好与服装被缝制的顺序相反。通过这样一次简单的解构，可以看作是一次与服装实物近距离的触摸与把捏。

这个练习，我们采用分小组进行的方式，每三个学生为一组，选择旧的T恤、衬衣、裤子各一件。所选服装，要求尽量避免有纹样的面料或是材质比较复杂的面料。为了便于下一步的拍摄与图片处理的需要，服装色彩的选择以黑色或白色为佳。

根据以往的教学经验，应该在上课之前提早通知学生做好对旧服装材料的准备工作，以保证在课程开始后可以尽快地进入实际操作的练习。顺便说明一下，选择以三个学生为一组的原因，更多的是为了在选择旧服装时每人负责解决一件即可，板型的资源相互之间可以共享。但接下来的重构作业则需要每个同学独立完成。

重构：形态再创造

通过对旧服装的解构，我们收获了这些服装各个不同部位的元素、板型裁片。首先，要求学生认真了解这些板型元素的形态特征，并思考如何通过增加一个新材料的方法，与这些从解构中获得的服装元素、板型一起，在1：1的人台上进行服装元素重构的练习，完成一次服装新廓型的再创造。从我们以往的教学经验来看，对于这样一个快题练习，增加的新材料可以使用大号垃圾袋，该材料的优点是幅面大、结实，不仅具有一定的可塑性，而且价格低廉，非常适合这类快题练习（图15-1~图15-6）。

练习十三：解构与重构

◎ 练习要求：练习由两个步骤组成，首先，教师指定事先准备的旧服装，如T恤、衬衣、裤子；然后，利用解构所得到的服装裁片、板型作为创作的基础元素，再添加一个附加材料，进行元素的重构，完成一件“服装”的再创造。

◎ 作业数量：每人完成1件1：1人台上的服装造型重构成果。

◎ 练习时间：8课时。

◎ 补充说明：在重构的过程中，每尝试一个廓型，要求用徒手绘制或是摄影的方式予以记录。

图15-1

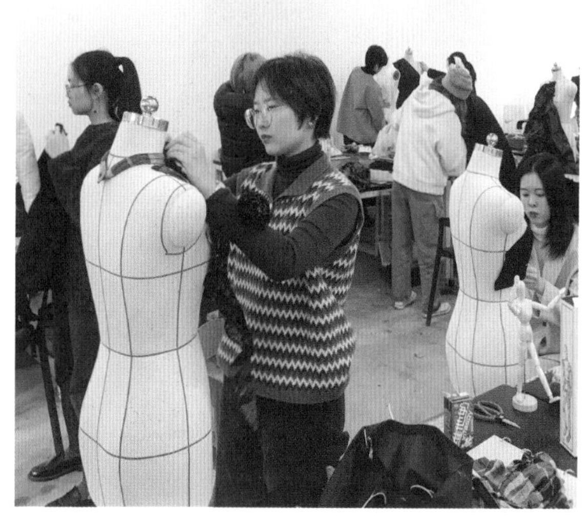

图15-2

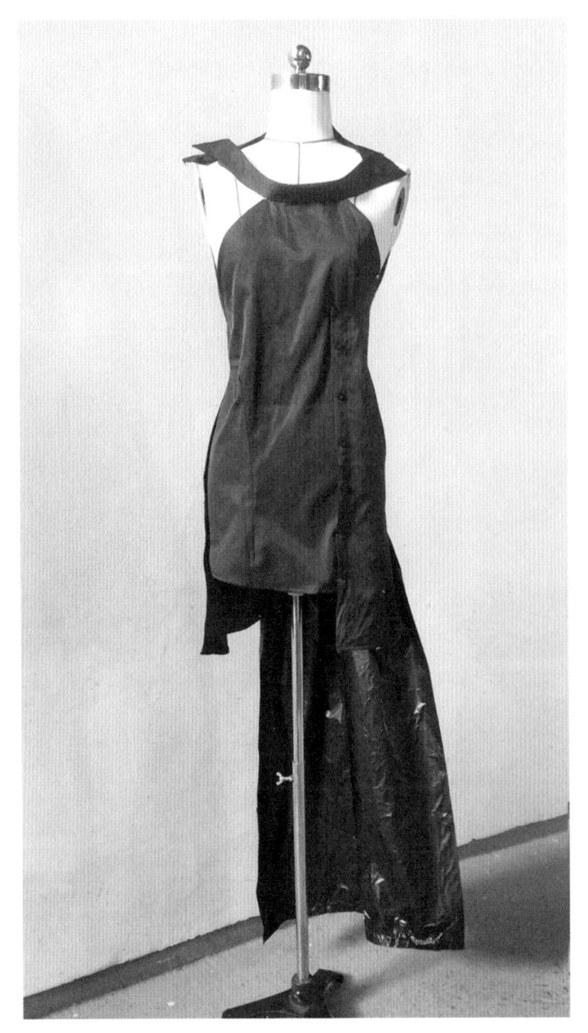

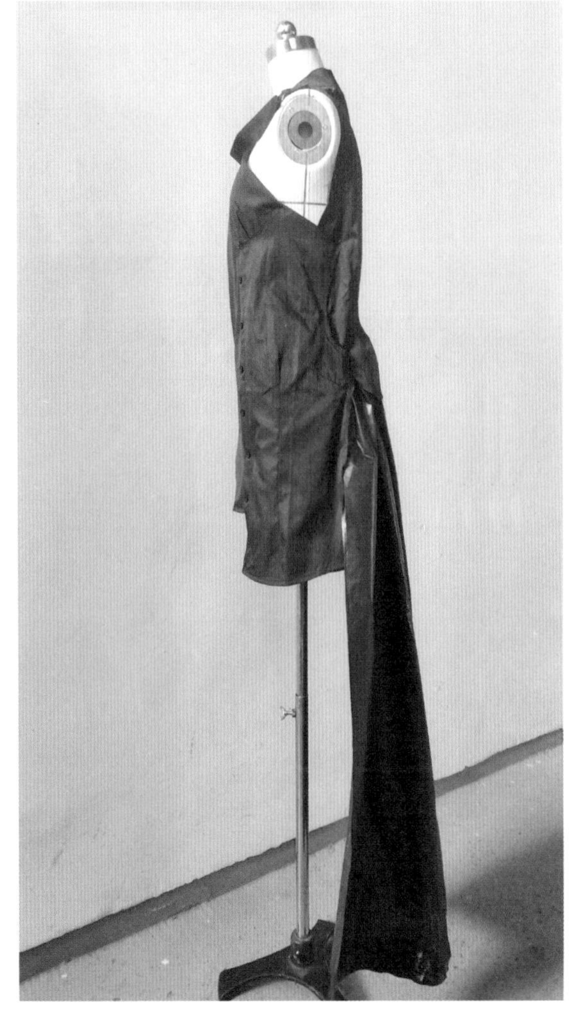

图15-3

图15-4

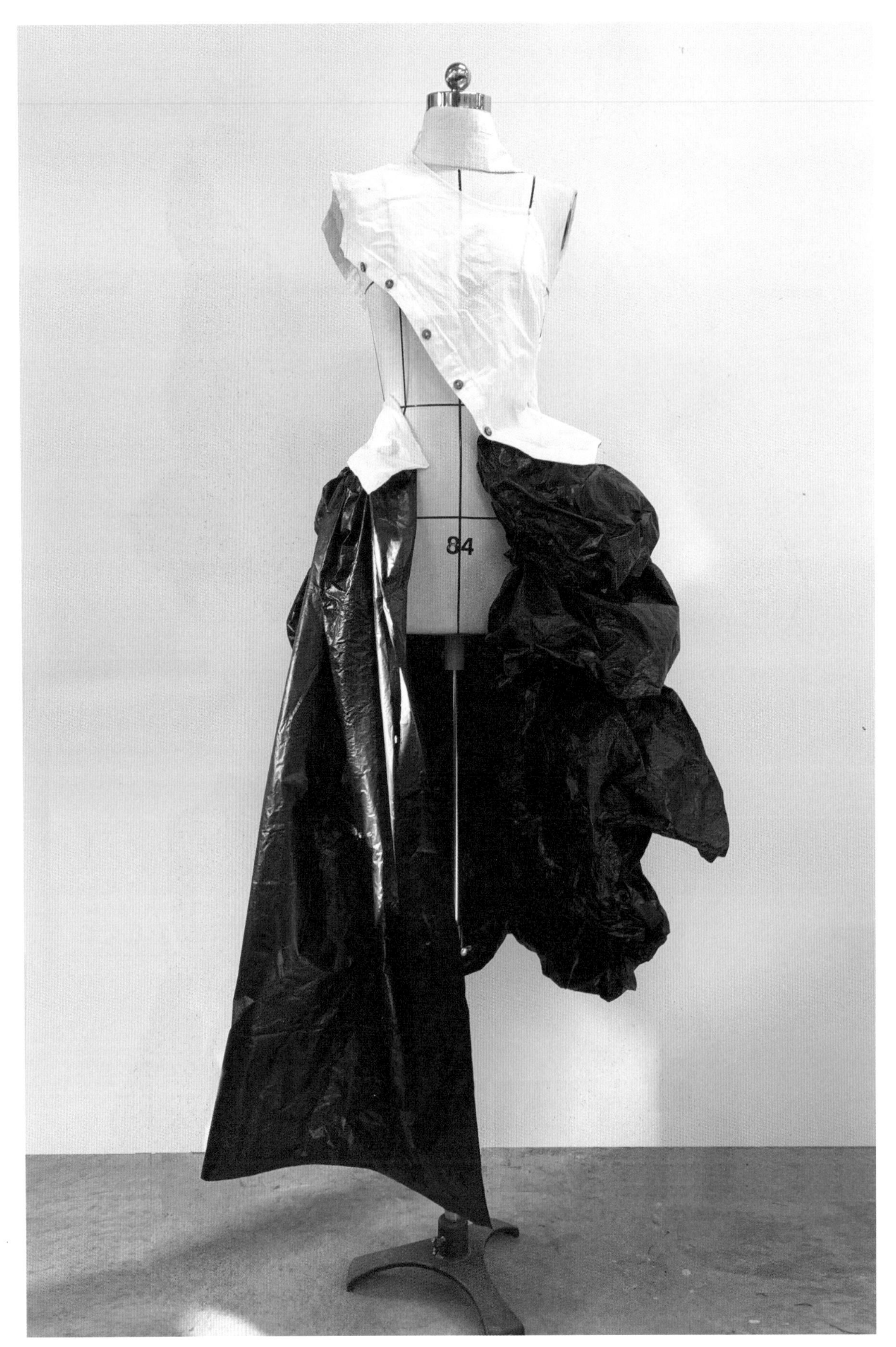

图15-5

图15-6

第十六讲 认知服装廓型

对于刚刚涉足服装设计学习的学生而言，加强对服装廓型的了解仍然是一个重要的基础。因此，在我们的教学中，希望从课程之初就能够帮助学生树立服装廓型的基本概念。我们将通过解构与重构，即服装元素的认知与再创造尝试得到的成果，进行接下来的廓型记录与描绘练习。在这个练习中，我们要求每个学生对上一个在1：1的人台上进行的服装元素重构的练习拍摄正面、背面、两个侧面的四张服装图片。继而以这四张图片为基础，在计算机上提炼与处理，强化与凸显服装的整体外部形态。具体的操作方法为将服装的整体形态部分通过计算机调成全黑色，这样能够一目了然地呈现每一件服装的整体廓型。然后，在这个基础上，要求学生以徒手速写绘制的方式，对该服装的正面进行整体的形态记录与描绘。在这个教学环节中，教师可以结合前面介绍的服装廓型的特征分类进行一些适当的讲解，帮助学生更好地理解廓型形态的特征（图16-1~图16-3）。

练习十四：廓型记录与描绘

◎ 练习要求：以绘制效果图与摄影的方式将新的服装造型记录下来。除采用常规的徒手描绘方式记录正面造型外，通过相机拍摄、数码处理的方式以非黑即白的形式提炼出服装前、后、左、右四个角度的整体造型，借此来进一步理解服装廓型的概念。

◎ 作业数量：根据各自完成的服装新造型，绘制1张效果图、4张服装廓型摄影图片记录（正面、背面、两个侧面）。

◎ 练习时间：8课时。

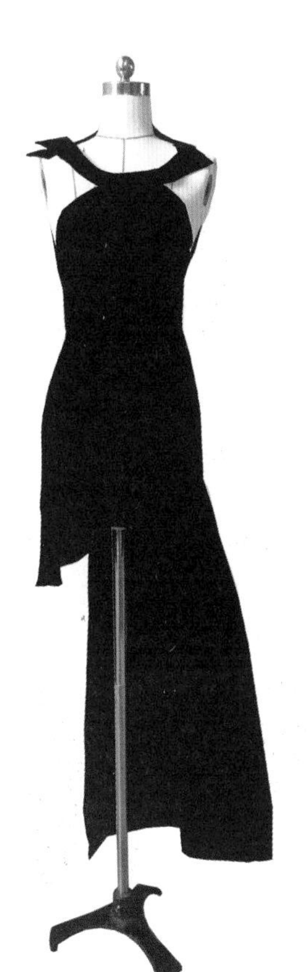

图16-1

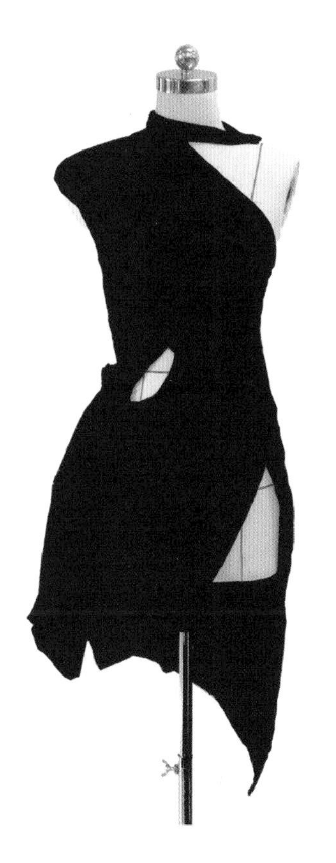

图16-2

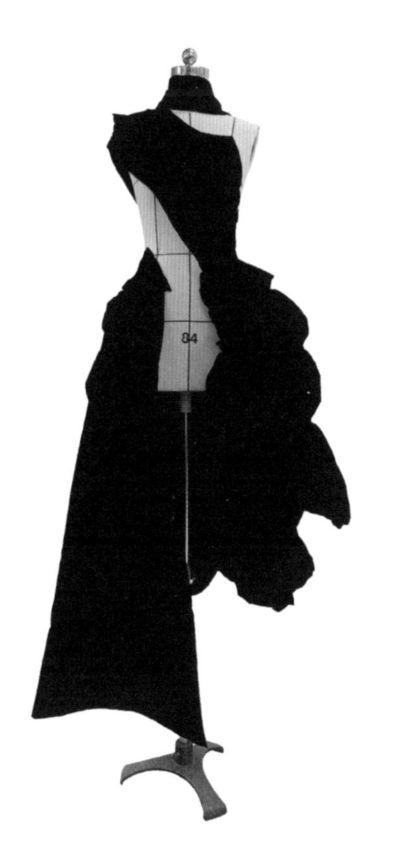

图16-3

第十七讲 小人台廓型创造

作为对服装廓型的实际动手操作练习，我们设计了一个在1：1人台的解构与重构练习基础上类型相同、数量增多，但比例缩小的小人台实际操作练习。

服装设计基础是一门面对服装专业初级入门学生的课程，其课程设计的优点是尽可能找到让学生能够便于上手、便于操作的路径。小人台的体积比较小，且易于操作，是进行服装廓型练习的有效工具，其实际意义在于，与在纸面上进行平面图形的廓型练习相比，这个练习不仅可以避免初级入门学生常常面临的不知所措的局面，也能够避免不切实际的“纸上谈兵”，直接进行一次服装创作“真刀真枪”的体验。同时，学生能够真正从人体的构架、体积、空间角度进一步理解服装设计的整体关系。这个练习也可以有效地利用解构与重构练习中已经获得的三种不同服装的板型元素作为设计资源，在练习上有一定的连贯性。

这个练习的基本步骤如下。

首先，在小人台上捆绑带有黏胶的布带，这样可以在实际的创作中有效地使用大头针操作。

其次，将在第一个解构与重构练习中的衬衣、T恤、裤子三种不同的服装板型进行5：1比例的缩小，即在展开小人台的廓型练习之前，首先需要准备好与小人台大小比例合适的服装板型。一般来说，按照正常板型做5：1比例的板样缩小所得到的尺寸比较适合在美术用品店买到供美术生使用的艺用小人台。

此时，假如学生在之前的课程中已经学习了制作T恤短袖、衬衫和西裤的板型知识，可以自行制作这些服装的板型，尺寸上按照5：1的比例进行等比例缩小即可。如若学生的学习进度暂未进入服装制板环节，可以通过拍照、复印等方式从工具书中得到相应的板型，并按照相应的尺寸需求进行复制（图17-1~图17-21）。

练习十五：小人台廓型练习

◎ 练习要求：以前期从衬衣、T恤、裤子中得到的三种不同板型为基础，进行5：1比例的板型缩小，然后在小人台上进行服装廓型练习，并对创作的不同廓型进行拍摄记录。

◎ 作业数量：10个廓型方案。

◎ 练习时间：8课时。

◎ 补充说明：使用这些不同的板型元素在小人台上进行廓型创造时，可以根据设计需要对板型进行筛选，三个不同板型允许混用，同一板型也可以被重复使用，且可以不受板型的原功能限制，甚至也可以不受5：1比例的限制。总之，这些板型只是作为一种设计元素的资源。

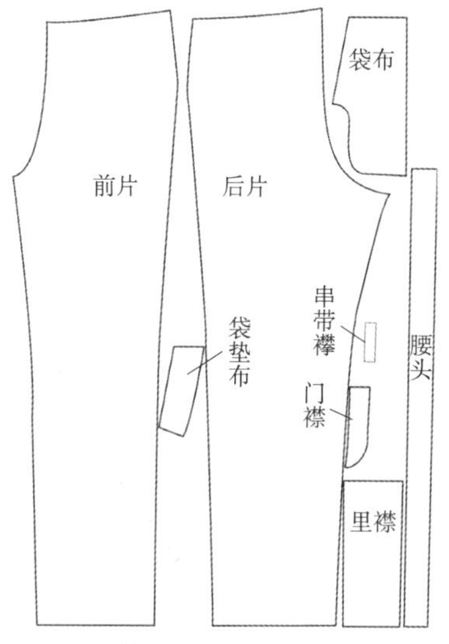

领片
袖片
后片
前片

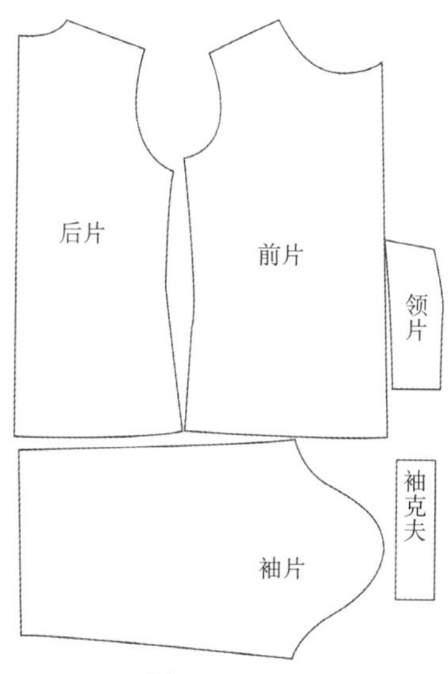

裤子5：1结构图　**T恤5：1结构图**　**衬衫5：1结构图**

图17-1

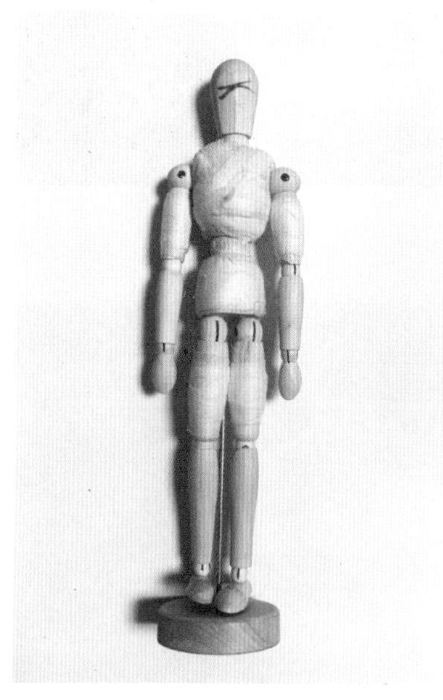

图17-2

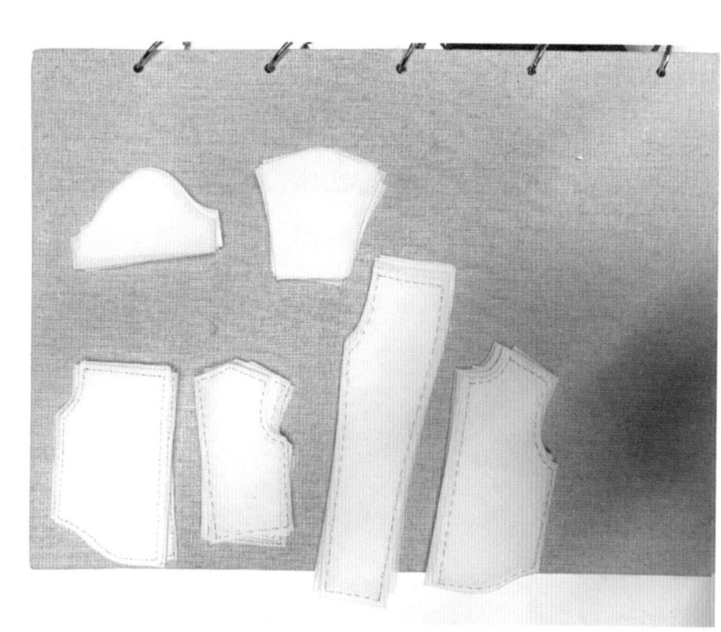

图17-3

图17-4

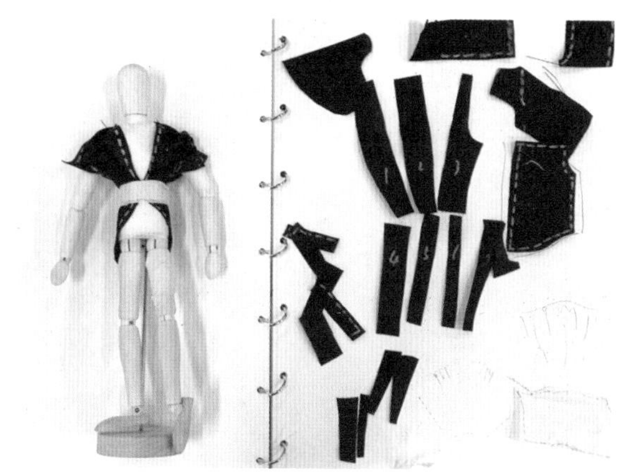

图17-5

图17-6

图17-7

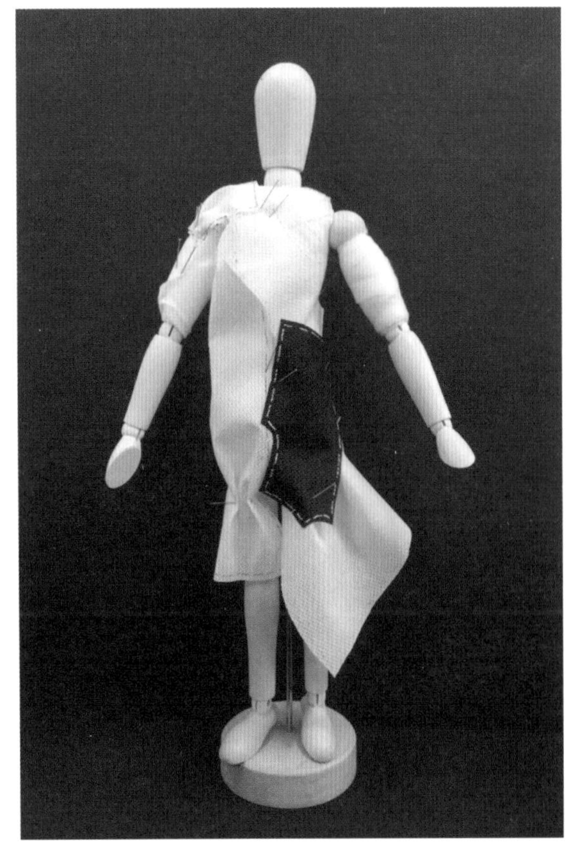

图17-8

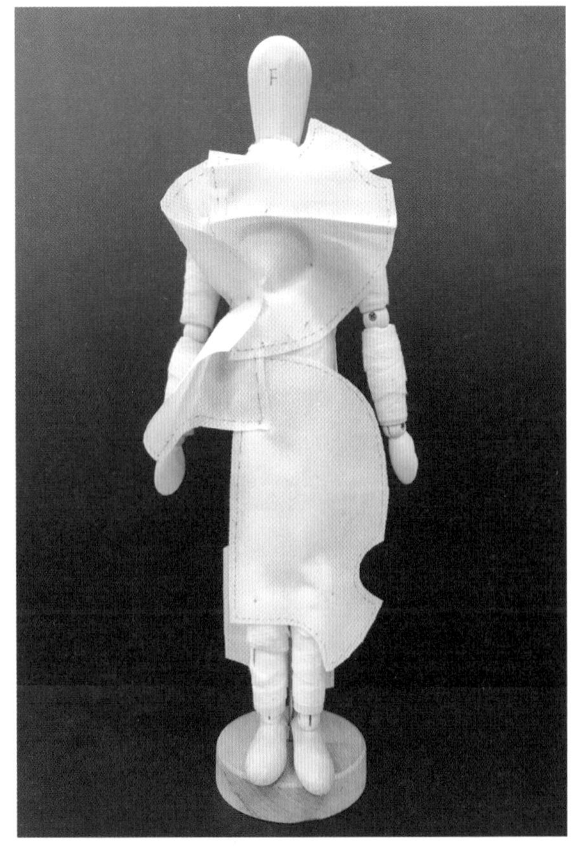

图17-9

图17-10

图17-11

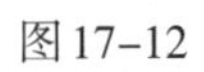
图17-12

图17-13

图17-14

图17-15

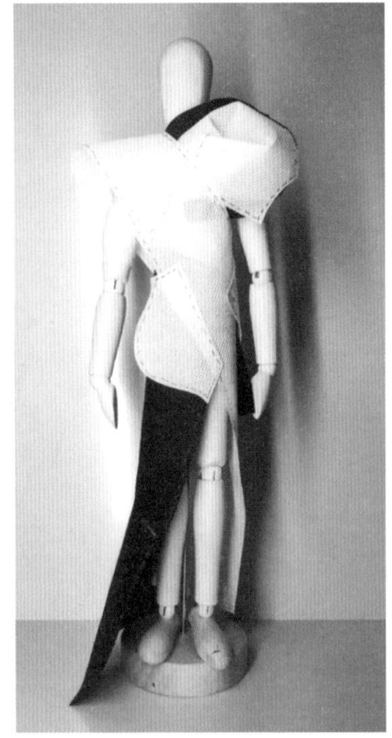

图17-16

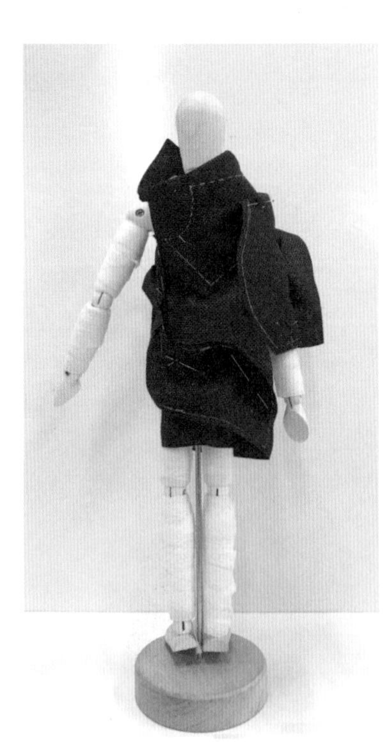

图17-17

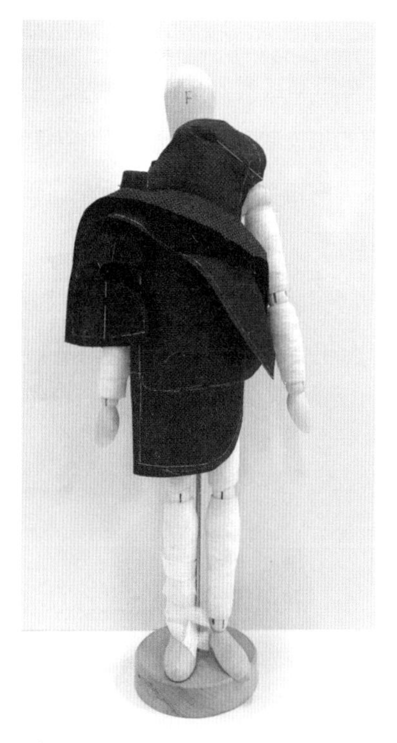
图17-18

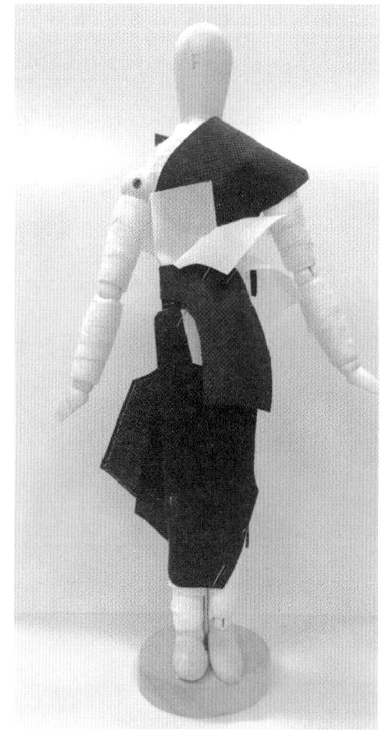
图17-19

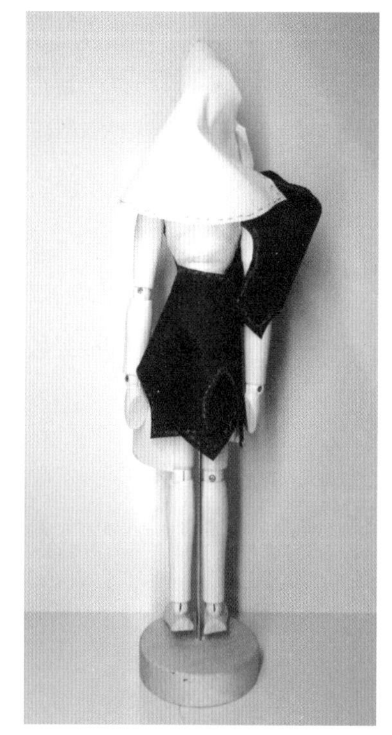
图17-20

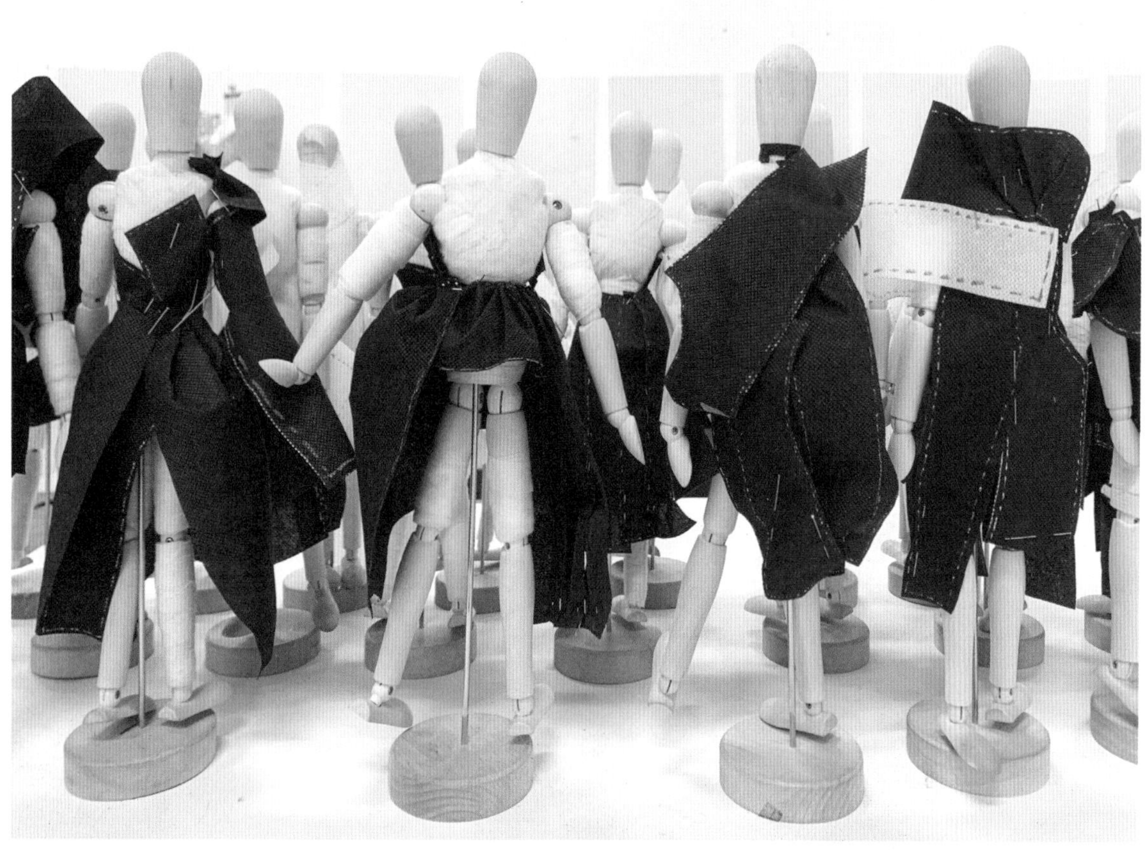
图17-21

第十八讲　小人台成果放大

经过小人台廓型形态的练习，积累了多个不同的廓型，以此为基础，我们设计了使用无纺布在人台上进行1：1的放大的练习环节，也是一个带有连贯性的教学程序。前期小人台的廓型研究，一方面为我们奠定了服装设计所需的形态基础；另一方面也为我们提供了这个服装造型的各个板型以及服装结构相互之间的衔接关系，这对于一个初学服装设计的学生来说，可以避开许多技术上不必要的难点，是一种比较容易上手的操作方法。从我们以往的教学经验来看，这个环节所用的课时实际并不多，但学生可以得到极好的实战经验，并且能够体验到设计的乐趣，看到学习的效果与成就（图18-1~图18-4）。

练习十六：小人台成果1：1放大

◎ 练习要求：在前期的小人台服装廓型练习中选择其一，并用无纺布将其进行1：1比例的放大练习。

◎ 作业数量：1个廓型方案。

◎ 练习时间：8课时。

◎ 补充说明：在具体操作上，可以根据每个人的设计方案的实际需要决定使用白色无纺布或是黑白相间的无纺布。先完成服装板型的放大工作，进而直接在1：1的人台上用大头针将板样衔接，经过修改推敲之后缝制固定。假如在课时量上有问题，可以只采用大头针固定的方法。

图18-1

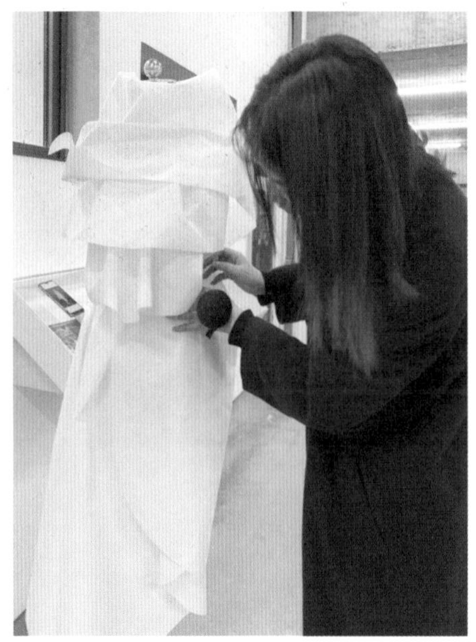

图18-2

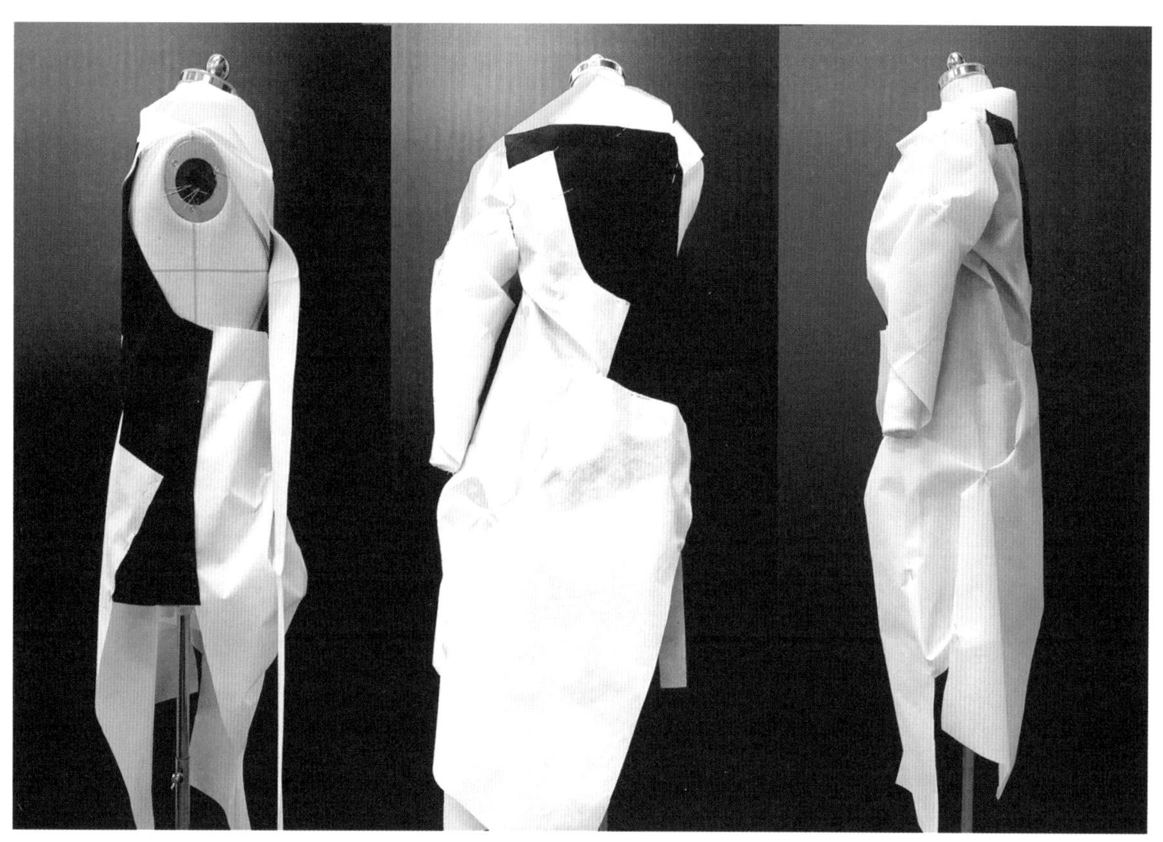

图18-3

图18-4

后　记

可以这么说，“服装设计基础”这门课程是我在中国的服装专业领域的教学中讲授的第一门课程，也是我在服装设计教学中讲授最多的一门课程，这是一门对于学习服装设计的学生来说至关重要的课程。

我自己的学习经历有些特殊，最初进入服装与时尚设计的学习是在韩国，继而，在有了一些工作经历之后又去了巴黎这个“时装之都”。从在巴黎高等装饰艺术学院服装设计系担任克莉丝汀·贝利（Christine Bailly）教授的教学助理，第一次涉足服装设计教学至今，一直回旋于服装与时尚设计和艺术之间。而真正进行独立的服装设计教学探索与思考，是2003年从法国来到中国，在中国美术学院上海设计学院负责协助建立服装设计专业以及筹建服装设计工作室，并教授我的第一批服装设计专业二年级的中国学生开始的。记得那次课程结束之时，我们的教学成果是以一次“时装秀”的形式呈现给全院师生的，还组织了一个“国际评委会”并评选出了一、二、三等奖。我还清晰地记得，我们“时装秀”海报的广告语是“服装设计专业从此站起来了”，这一切，虽然时隔19年，却都仍然历历在目。

在法国的学习、工作以及在中国进行设计教学各十余年的经历告诉我，服装设计是时尚最前沿的工作，因此，无论是在设计与教学理念上，还是方法上都需要与国际同步，与时俱进。正因为这个原因，多年来我一直密切关注国际前沿的时尚动态与最新的国际教学走向，也非常希望把新的理念与方法结合中国设计教学的实际带入教学的探索与思考之中，并能够通过这些教学成果与服装设计领域的同行、教师与学生们进行分享。在这本教材中，虽然是以一个最新的课程流程作为主线，但却凝聚着十余年来对于这门课程的理解与探索。借此机会，希望对从2003年以来，为这门课程一起努力过、付出过的我的中国美术学院历届学生们表示我由衷的谢意！因为有了你们不懈的努力与探索，才使我们的这个课程得以不断地完善与进步。因为你们的聪明才智，使我在教学的过程中不断地收获“意外的惊喜”，不断地感受到那种付出的乐趣和创造的喜悦。

在此，感谢染织与服装设计系的同行老师们一直以来对课程的鼓励与支持，感谢出版社编辑对于教材出版的统筹。由衷地感谢王雪青老师为我历次课程资料的整理与收集，以及整个教材编写过程中的建议和翻译工作，感谢黎娜为课程提供的巴黎服装设计与教学最新信息资源，感谢我的服装设计研究生们对教学过程的资料收集与拍摄。假如这本教材能够给同行们、学生们提供一些积极的参考，我将感到十分欣慰。

郑美京

2022年6月